衔尾蛇之圆：
无止境的科学历程

〔荷兰〕桑德尔·拜斯（Sander Bais） 著

贺海燕 译

中国出版集团

中译出版社

© Sander Bais / Amsterdam University Press, Amsterdam 2009

著作权版权合同号：01-2019-7842号

图书在版编目（CIP）数据

衔尾蛇之圆：无止境的科学历程 / （荷）桑德尔·
拜斯（Sander Bais）著；贺海燕译 . -- 北京：中译出
版社，2022.1（2023.4 重印）

书名原文：In Praise of Science：Curiosity,
Understanding, and Progress

ISBN 978-7-5001-6799-0

Ⅰ．①衔… Ⅱ．①桑… ②贺… Ⅲ．①科学哲学－普
及读物 Ⅳ．① N02-49

中国版本图书馆 CIP 数据核字（2021）第 237081 号

衔尾蛇之圆：无止境的科学历程
XIANWEISHE ZHIYUAN: WUZHIJING DE KEXUE LICHENG

出版发行： 中译出版社
地　　址： 北京市西城区新街口外大街 28 号普天德胜大厦主楼 4 层
电　　话：（010）68359376，68359827（发行部）68357328（编辑部）
传　　真：（010）68357870
邮　　编： 100088
电子邮箱： book@ctph.com.cn
网　　址： http://www.ctph.com.cn

出 版 人： 乔卫兵　　　　**总 策 划：** 刘永淳
责任编辑： 郭宇佳　刘　月　　**文字编辑：** 张　巨　马雨晨　李　坤
封面设计： 潘　峰

排　　版： 北京杰瑞腾达科技发展有限公司
印　　刷： 北京顶佳世纪印刷有限公司
经　　销： 新华书店

规　　格： 710mm×1000mm　1/16
印　　张： 13.25
字　　数： 122 千字
版　　次： 2022 年 1 月第一版
印　　次： 2023 年 4 月第二次

ISBN 978-7-5001-6799-0　　　　**定价：** 69.00 元

前　　言

　　这本书来得实在太晚，我是在教授过物理和其他科学的课程后才动笔的；但同时，确实是教学活动启发我创作的。本书可以作为一个起点，带领新生步入更广阔的领域，即"科学中的转折点"。希望通过此书，更多的读者能够走进科学。本书除了从宏观的角度看科学，还讨论了科学是怎样产生的、怎样起作用的，以及为什么科学是人类文化的核心部分。

　　我要感谢很多朋友和同事，与他们的讨论给了我很多启发。首先，要感谢阿姆斯特丹大学同我一起授课、一起研究诸如"转折点和大问题"这些交叉学科的同事们；其次，是讲授"欧洲夸美纽斯"课程中自然科学部分的剑桥大学的同人：约翰·巴罗（John Barrow）、罗埃尔·凡·德里埃尔（Roel van Driel）、米歇尔·凡·德尔·克里斯（Michiel van der Klis）、弗兰克·林德（Frank Linde）、斯蒂夫·曼肯（Steph Menken）、西蒙·康威·莫里斯（Simon Conway Morris）等，感谢多因·法门（Doyne Farmer）、大卫·科莱考尔（David Krakauer）、艾瑞克·史密斯（Eric Smith）、哈罗德·莫罗维茨（Harold Morowitz）、莫瑞·盖尔－曼（Murray Gell-Mann）、乔治·索罗斯（George Soros）、科马克·麦克·凯西（Cormack Mc Carthy）、杰弗瑞·文斯特（Jeffrey West），还要感谢贾恩·史密特（Jan Smit）、罗伯特·戴克赫拉夫（Robbert Dijkgraaf）、卡累利阿·斯考腾（Kareljan Schoutens）、埃里克·韦尔兰德（Erik Verlinde）、贾恩·彼得·凡·德尔·沙尔（Jan Pieter van der Schaar）。

若没有阿姆斯特丹大学出版社和麻省理工学院出版社的大力支持，这本书根本无法"诞生"。故此我要感谢埃里克·凡·阿尔特（Erik van Aert）、亚普·瓦格纳（Jaap Wagenaar）、阿尔努特·凡·奥莱（Arnout van Omme）、马丁-福格特（Martin Voigt）、吉塔·德威·马纳塔拉（Gita Devi Manaktala）和苏珊·克拉克（Susan Clark）。最后，我还要感谢安妮·勒恩贝格（Anne Löhnberg），她对本书的手稿准备工作提供了帮助。

桑德尔·拜斯

目　　录

当我们的灵魂来到整个宇宙的边际，高高俯瞰这小小的、由一块块陆地组成的地球时，我们会看到大多数陆地还因淹没在水里而无法居住；就连露出水面的陆地也由于极寒或极热而无人居住。只有在此时，我们的灵魂才能超越庸常。有人说："这就是要用火和剑，让各民族分崩离析的地方？唉，凡人间的分歧是多么荒唐！"

——古罗马哲学家　塞涅卡

概　　述

本书旨在探讨以人类进取心为载体的科学。我们讨论好奇心是如何产生的；讨论理解带给我们的最根本的洞见；讨论进步是怎样与技术相结合以及公众眼中的科学。因此，书中除了描述已经和将会取得的科学成就，也涉及各种分歧，即一种我们文化生活中的科学和已有文化之间的矛盾。

既然只有一个自然，最终也就只有一个科学。科学造就了人类集体意识中无法逆转的一系列重要转变，也正因如此，科学决定了人类文化。我指的不仅是技术革新所带来的社会经济巨变，更是科学本身所代表的文化意味。基础科学深刻影响着人类对物质及精神的感知，让我们清楚认识到人类在宇宙中的位置以及宇宙是怎么来的。夸张点儿讲，是科学定义了人之所以为人的意义。一旦意识到科学的深远影响，我们就会感到困惑，甚至感到忧虑。

确实，在日常生活中，科学很难被理解。科学家们组成了一个封闭的团体：他们要么在环境怪异，甚至有点吓人的实验室里度日；要么在"象牙塔"里不受待见。

假如我们讨论科学对社会在技术层面的影响，类似的情况就会更加明显。现代技术发展如此迅猛，有些人认为，现实与想象的角色已然对调：现实是在尽力模拟想象，而不是想象模拟现实。或许我们该考虑一下如何将技术技能维持在一个适当的水平，以确保在竞争越发激烈的世界中，仍能保有强烈的创新潜能。这个世界尽管存在愈演愈烈的文化冲突，但它依然无法阻止一体化的进程。

全球化进程并不一定意味着多样性的消失。毕竟，在这个地球村里，比萨不会主动变成北京烤鸭。幸运的是，人们乐于分享丰富的文化盛宴，比如，品尝最具有异国风情的地方美食，体验想法迥异的思想流派，又或是去不同的地方旅游。全球化的最大威胁来自对不同文化的抵触。为了在文化领域里和平共处，我们需要形成一整套参照体系，需要一种体现日益增长的、最根本的、以证据为基础的知识体系。科学助了我们一臂之力。不要对不可否认的事实视而不见，不要违背逻辑。在全球化的背景下，科学所扮演的角色内涵是：基本科学原理不取决于种族、政治及宗教背景。恰恰相反，在这一进程中，好奇心把我们从集体神话和偏见的锁链中解救出来，展现了超越历史局限性的能力。这也是我依然抱有希望的原因：知识产生自觉意识，意识导致合理举动。

超越神话叙事并不意味着脱离神话。毕竟，这些神话故事——不管是基于种族、性别、宗教，还是民族——不可否认，它们都是现实的组成部分。它们是集体记忆，也是信息和灵感的来源，对此我们不应无视。但是我们需要用正确的历史视角和进化视角来理解神话，这就意味着：我们也许会或者不会缩小它们对社会的影响。

对我们来说，真正的挑战不是忘记过去，而是接受过去。同时，我们也该问问自己，我们是否该允许这样的神话包袱占据社会法则的高位；抑或是这一话题属于公共领域，像艺术和科学等其他人类文化表现形式一样，进行公共讨论。

世界上大多数学校的体系里，青少年要选择最吸引他们的科目：艺术与文化、科学与技术，或者介于两者之间的经济与社会。对大多数孩子来说，选择的时机来得太早。我们倾向于把事物整齐地摆在一条直线上，从艺术到科学，从创造力到严谨的逻辑，或者用更传统的眼光来看，从男性到女性。所有这一切都显示着让人窒息的狭隘。这种做法暗示：这些学科相互对立，科学是文化的对立面；我们还会产生各门学科互相排斥的印象。有文化头脑的人不喜欢科学，有科学头脑的人对艺术无感。文化怪人们憎恨数学，因为数学太难；而科学家们大多都是"呆子"，对人类灵魂的复杂性无动于衷，因为他们连自己的感情问题都搞不定。

怪哉，怪哉！也许我们应该着手把人类大脑的一切努力成果摆成一个圆圈，或者摆在多边形的每个角上，而不是摆成一条直线。这样一来，我们便能极大程度地改变人类文明的整体形象，同时也能在一定程度上推动各个学科更均衡的划分，即每个学科既自成体系，又居中协调。或许更重要的是，这样会开发出无数新机遇，包括可供探索的新跨学科领域或可以教授及学习的新课程。这种方法或许还会解放孩子们的思想，让他们去发现、遵从自己的聪明才智，让追求幸福不再是负担，甚至追求教育就是在追求幸福。

　　允许中小学生发挥所长，在我看来，是教育的首要任务。我常常对我的学生们说："才华是你们一生中最珍贵的同伴，值得开心的是，才华会伴你左右，不离不弃。"我们都知道，一生中会有奇奇怪怪、不可预料的转折，你会失去原以为是自己的东西：一路上你会失去金钱、物品、伴侣，还有其他对你来说十分重要的人，也许因为离别，也许因为死亡。但就算在最艰难的逆境中，你的才华仍会伴你左右。在这样的时刻，你会比以往更明白，才华是多么珍贵、不屈；它会给你生存的力量，让你浴火重生。想想那些虽被长时间关押仍矢志不渝的人，如普里莫·莱维、纳尔逊·曼德拉，或是约瑟夫·布罗茨基，他们拥有着强大的精神意志。正是在严峻的环境中，人类真正的品性才显现出来，但同时，品性也指导着我们日常生活的行为。因此我认为，才华对我们忠贞不渝，我们也该对才华矢志不移。

　　但是，这种启发性的教育形式，真能填补人们艺术和科学才能之间的差距吗？或者这只是教育家们想让我们相信的海市蜃楼之一呢？我相信有可能。事实上我认为才能填补了原本极深的鸿沟。

　　本书分为三个部分。第一部分回溯了知识的本源，指出怀疑和好奇让我们摆脱了偏见的桎梏，进而导致世界观的去神秘化。从社会学的角度看，去神秘化是一个痛苦的过程，因为一开始它带来的是不确定和陌生。短期内的恐惧和对科学的保守反应，要和长期的观点对照考虑。我希望通过本书能让读者意识到：科学中的转折点是人类进化史上的里程碑，它推动了平民、工人、妇女儿童的解放。

本书第二部分探讨了科学本身。第二章聚焦推动科学和科学家们的动力，即什么让科学成为人类的追求；以独有的集体努力，动用几乎一切人类能力，来理解我们的世界。第三章，我逐步建立起一个完整的、自上而下的观点，来看待我们在认知自然的过程中的转折点。为了达到这个目的，我采用了"科学的衔尾蛇"这个特殊的、万花筒式的视角，来帮助读者多层次、全面地考察科学领域内发生的转折点，同时又强调了它们的相互联系。纵览全局，每当科学发展陷入僵局，科学家们都能凭借创造力与天分奇迹般的结合，找到打开暗门的钥匙。这些源于转折时刻的观察和抽象概念，动摇了我们对未来看法的根基，迫使我们的思维也不得不跟着转向。同时，这些转向有力地证明：危机能引发新一波的创造性思考。

科学创造力深深扎根于接受那些不可驳斥的事实。这样的挣扎发生在任何新范式诞生之际，第一眼看上去平淡无奇，很久以后我们才能理解披露新事物所产生的后果及其深远性。作为一个充满好奇心的年轻人，每一次了解这些转折点，都像是揭开了一层面纱，让其离现实又近了一步。面纱永远不会再蒙着，这就是洞察力的不可逆性。

接下来，在本书的第三部分，我们将把目光转回到这些转折点给人类生存和意识造成的巨大影响上。在第二部分，我直截了当地揭示了自然科学的基本内容，而在第三部分（第四章）中，我从个人的视角考察了科学的意义和社会影响。这一章批判性地分析了公共领域如何看待科学以及知识如何渗透到应用领域，这也是我作为科学家的反思。科学日益增长的重要影响与在公共领域日渐模糊的身影形成了对比。

我们为什么认识不到作为洞见和灵感之源的科学所带来的巨大财富，因为应用技术是我们唯一能看到的东西吗？我们的误判是无知的后果，还是我们成长中价值观和偏见潜移默化的转移？应该责怪不良的教育体系，因为它让孩子们摸不着头脑？抑或是因为放任孩子们在充斥着大量无用信息的互联网上瞎折腾？当然，互联网本身也是科学的辉煌成果，但若没有有效的指导，人们会在其中迷失方向。虚拟正在以令人难以置信的速度变成现实。互联网到底是什么，是固有文化的"触角"更加深入我们个人生活的新方法，还是解放这个时代、让我们更有开放精神的一种方式？互联网开阔了我们的眼界，还是蒙蔽了我们，抑或两者兼有？它让我们更加迫切需要一个明辨是非的头脑。

我们应该为此做点什么，我们一定能做些什么。剩下的问题就是，我们愿意付出怎样的代价（脑力的和物质的）。从根本上说，我们面临的问题就是：未来会怎样，又会对我们产生什么影响呢？

第一章

好奇心战胜偏见

Nauthilus, als Plinius seghet, es. i. wonder dat in de ze leghet. ii. Langhe armen hevet voren, tusschen dien. ii., als wijd horen, es i vel dinne ende breet. So heffet hi hoghe up ghereet sine arme voren metten velle, so seilti henen als die snelle. Metten voeten roertet onder, metten starte stiertet, dats woner. Comt hem vaer in sinen sin so sueptet vele waters in, so dattet te gronde sinct metten watre dattet drinct.[①]

普林尼说，鹦鹉螺是一种很奇特的动物，它生活在海里，前面长着两条胳膊，据说胳膊之间有一层薄薄的、宽宽的膜。如果它高举两条胳膊，就能很快地行进。在身体下面，鹦鹉螺靠两条腿行动，用尾巴掌握方向，令人称奇。如果它觉察到危险，就会吸进大量的海水，沉入海底。

——雅各布·范·马兰特《自然文摘》

参照系

我们来到这个世界的时候，是一片小小的快乐的云。我们的祖母看着摇篮，喜极而泣，她也许会说自己"看见了天使"。也许她希望一切都不会变化，但这是不太可能的。我们一出生就是一个神奇的硬件，像大多数电脑一样，自带很多已安装的软件，在不知情的情况下就已经塞满了预设。在早期阶段，我们别无选择，只有接受这一系列任意的初始条件及因此而来的偏见。随后，这些偏见也许会变成障碍：不可避免却又挥之不去。这些偏见很难克服，甚至要花一辈子的时间。

索尔·斯坦伯格有一幅有趣的画，能帮我们澄清这种事态。画中表现的是一个人对于世界的独特看法，这个人生在纽约、长在纽约——准确来说，是成长于第九大道

11

(9^{TH}AVE)。很明显，这个纽约人对身边的环境有着清晰的认知；但是请注意，随着距离变远，地图的准确性迅速下降。过了哈得逊河 (Hudson River)，跨越新泽西 (New Jersey)，我们进入一片空白地带，然后是那布拉斯加 (Nebraska)、拉斯维加斯（Lasvegas），最后是像西伯利亚（Siberia）这样遥远的、听起来有些可怕的地方。

这幅画捕捉到了观察者的严重曲解，也暗示着一种价值观判断：越远的地方，就应该越糟糕。在纽约，同样有

句类似的荷兰谚语：农夫不吃他不认识的东西。

说到荷兰，我们就再多说两句。如果你去过阿姆斯特丹（Amsterdam），你可能看过当地用图片对斯坦伯格画作进行解析的明信片。毫无疑问，世界上还有无数类似的图片，这恰恰强调了斯坦伯格的主题在某种程度上是非常普遍的。

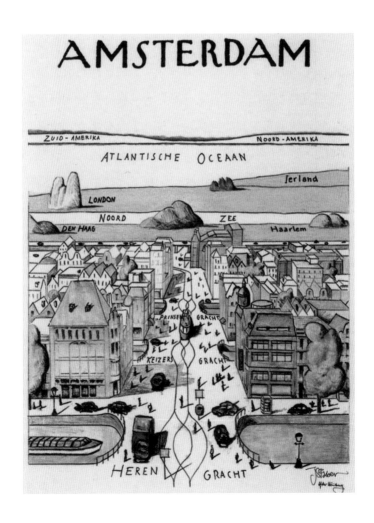

这些受限视角下看到的事实细节无关紧要，关键是这些细节的相对性。顺便提一下，斯坦伯格的这幅画可以被看作爱因斯坦早于斯坦伯格 70 年的相对论的粗略图解版。爱因斯坦的信息被斯坦伯格用一种完全不同的语言，在更普遍的语境中表述出来：时间和空间中的世界只有一个，不同的观察者根据不同的参照系，讲述的故事可能大相径庭。

本章我尽可能多地解释几种有趣的机制，这些机制可能阻止了人们对真理的直接追求。我们在这样的历史事例中见到的典型顺序是：偏见—好奇—发现—反对（出于顽固的偏见或是对未知的恐惧）—有时也会有接受。如果我们持续否定新的基本事实——那些无法通过商议而改变的事实，那么我们势必会付出代价。在下一章中，这个循环将被提到一个新高度，我们称之为"科学和技术的双螺旋结构"，一种和所谓的科学方法密切相连的自动生成知识的机器。但首先，请听我讲讲以下几个故事。

编码和解码

我们都有自己偏好的参照系，但它们不一定是解释某种特定情形的最佳选择。让我们在阿姆斯特丹多待一会儿，假想你是位观光游客。你看见各种让你惊奇的交通标志，然后询问当地居民这些标志到底是什么意思。她很高兴甚至是自豪地花时间给兴致盎然的外国游客讲解，如果你不打断她，她可能给你讲上一下午。

这个标志常见于河道边。显而易见，这是警告在河中游泳的人，要小心不慎入水的车辆。

第二个标志常见于政府大楼附近，提醒政府职员不要提前下班，赶着开车回家与孩子一起踢足球。

第三个标志一目了然，它让人联想到千禧年初世界范围内最糟的事情①。

———————————

① 指"9·11"恐怖袭击事件。

我们的大脑常常进行编码、解码的活动。我们都知道智力测试中流行的图片解密，就像下面这组。

这组图片的内容是：大写的 M，心，四叶草，桥。问题是：按照这个顺序，下一个图形是什么样子呢？

如果你从未见过这道题，那一定很难猜出下一个图形。我的经验是：就算我告诉你下一个图形是个苹果，你也未必明白到底是怎么回事。这需要一点打破常规的思维，一旦你意识到每个图形的镜面对称性，那么只要你能从 1 数到 5，就能解密了。

这个智力小游戏解释了这样一个事实，同一个问题既可以很难，也可以很简单：如果你不能洞察问题的关键，你可能会觉得这道题非常难，也许永远都无法解决；一旦反应过来，又会觉得不过是小菜一碟。容易和困难只是相对而言，有时候甚至没什么实际意义。另外，一旦看到了解决方法，我们的参照系就会不可逆转地改变，也就意味着，这个序列对我们来说永远是小菜一碟。解码就是学习，编码则更像教学。

这就是科学的概要：科学是解码，技术是编码。科学的任务是解开隐藏在自然中的宇宙编码，一旦某时、某地、某人揭开了终极谜题的一部分并和我们所有人分享他的洞见，那么我们的集体认识就向前迈了一大步。这样的前进是不可能逆转的，整个过程就像是拧紧的棘轮。这让我想起了尼尔·奥尔登·阿姆斯特朗。1969 年 7 月 21 日，他走出宇宙飞船，迈出了人类在月球上的第一步并庄严宣布："这是一个人的一小步，却是人类的一大步。"[①]

这也就是爱因斯坦的时间膨胀公式在发现初期，就算是对筛选出来的、当时最聪明的观众来说也很难懂，现在

———————

　　① 关于尼尔·奥尔登·阿姆斯特朗在前半句话中是否提及"一个"这点，一直有争议。我认为他说了，否则这句载入史册的话就是自相矛盾的。

却可以讲给高中孩子们的原因。

科学的进程并不总是变得越来越难，相反，科学的核心信息越变越简单。事物之所以变得简单，是因为我们的感知力上升到更高、更抽象的水平，这一点在下一页索尔·斯坦伯格的绘画中得到完美体现。科学简化了我们头脑中世界的形象，让我们理性地解释环境，决定行动。

科学是什么？一位粒子物理学家给出了平淡无奇的描述："我们将手表扔向一堵墙，希望找出手表的工作原理，如果是石英手表，想找到答案可不容易。"理查德·费曼将从事科学研究与观摩学习国际象棋进行了比较。棋子怎么走才是合规的，棋手想要达到什么目的？有人出其不意地用了一招"王车异位"，你会突然觉得自己什么都不懂。为

了解释科学家要做的事情，我经常说：假设你对计算机一窍不通，结果有人把微软的 Vista 或是苹果的 MacOSX 操作系统的整套源代码给你，然后让你搞清该做什么、怎么做，这显然是个极大的挑战，几乎不可能完成。只要写过一点电脑代码的人都会有同感。

科学是对事物的解码，技术就是典型的编码，技术是按照一定的功能规则和要求把事物组装到一起。

解码和编码是人类大脑互为补充的两种活动，科学和技术也是社会中互补的两种领域。我们也许可以用分析与综合、代数与几何、左脑与右脑这样的关系来描述科学与技术，进步就是二者成功联合的结果。

好奇心和探索的乐趣

幸运的是，我们并不总是受偏见摆布。在打败偏见的过程中，我们最重要的伙伴是好奇心。更幸运的是，我们大多数人都被赋予了这一品质。我们关注的不只是眼前的事情，我们有看得更远的自然倾向，远到有些多管闲事的程度。

然而，好奇心却有着模棱两可的含义，好奇心也会带来危险。所有的孩子都遇到过自称权威的人，比如父母，他们会不停地、煞有其事地告诉子女严禁穿过这扇门或是那扇门，因为会有可怕的事情发生。我记得曾有人说过，如果我喝了咖啡，背上就会长出绿色的羽毛。但是我们都知道，一旦"权威"走出家门，孩子就会想方设法找到那扇禁门，看看门后到底有什么不为人知的东西。去看吧，孩子！

探索禁区通常不会有致命危险，有时无法控制自己的好奇心其实是值得庆幸的。西班牙国王费利佩二世是最正统、最古板的罗马天主教统治者之一，也是16世纪西班牙宗教裁判所的积极拥护者。事实上，在离马德里几百千米远的埃斯科里亚尔王宫、他自己的图书馆里，保存了一套完整的"禁书"，这些书都出现在教会的图书馆禁书名

单上。①

时而发生的焚书事件也许最能彰显知识的危险性。世界范围内的人类历史记录中都出现过焚书的做法。15世纪画家佩德罗·贝鲁格特创作的《焚书》，描绘了圣·多明我和阿尔比派（清洁派）之间的争端，阿尔比派之前被教皇英诺森三世宣布为异端。故事是这样的，圣·多明我和阿尔比派的书都被扔到火里，圣·多明我的书奇迹般地没被烧毁（见图中高高飘在火上方的书），因此证明他的学说正确，阿尔比派的学说错误。今天我们也可以看到类似做法。

如弗朗西斯·培根所言："好奇心是知识的种子。"

那怎么又会有"好奇心害死猫"这样的说法呢？既然好奇心是推动进步尤其是科学进步的关键动力，那么为什么日常生活中会有如此多的负面含义呢？家长都知道，好奇心强的孩子会刨根问底："为什么会这样？"面对孩子的追问，家长一层层剥掉自己有限的知识，眼看着显出自己

---

① 禁书名单包括很多作家、哲学家及科学家的著作：培根、塞万提斯、伽利略、斯宾诺莎、马克思及巴尔扎克，也有雨果、萨特和纪德。他们的书表现了宗教、社会、性道德等与罗马天主教教义格格不入的主题，这份包括上千本书的清单，于1966年被教皇保罗六世废除。

的无知，难免会乱了阵脚，最后绝望地摊开手心喊道："哪有那么多为什么，之所以是这样，是因为它就是这样，好吗？"至此家长大败，小淘气开始得意扬扬地哼儿歌："为什么？'它就是这样'！'它就是这样'根本算不上什么解释！"

我们这里讨论的是当今科学政策制定者们所指的"好奇驱动"的研究。这个过程始于观察引起的好奇，始于对简单事实的疑问，最终却使我们产生了对这个世界的运行原理的惊人见解。

我大女儿约 6 岁时，她问我三角形是什么。我解释完后，她立马就懂了。接着她问我什么是四角形……哦，意料之中的事！那么我能再给她讲讲两角形和一角形吗？[①] 零角形对她来说更容易理解：只能是圆形。事实上，这对她来说是场了不起的谈话：观察和想象的强力结合，还要加上她打破砂锅问到底的强烈欲望。我与孩子的另一场科学辩论是围绕着怎样构成一个"2 的等差数列"展开的，具体来说，就是"1、3、5、7……"这个数列是不是"2 的等差数列"？事实上他们又进一步问到为什么字母顺序"a、c、e、g……"不是这样的数列。毕竟，这个序列里，也得一次走两步，或者每次都得跳过一个。换成你会怎么回答？

---

① 我们关于这个话题最后达成了以下结论：两角形在平面中会自动变成一个四角形或三角形，但在球体上有办法画出等边两角形。一角形在平面中变成了一个无限的楔子。

如果你碰巧忘记了乘法和加法的主要区别，你会想出什么样的答案？

如果家长不够警觉，问题就会因此出现。孩子们把透明如水晶的问题塞到我们手里，我们不知道答案，想要搪塞他们。毕竟我们去听他们的音乐演出时，或者在某个下雨的周日下午，站在运动场边，为追赶皮球的孩子们高声呐喊"加油"的时候，也是这么干的。

对教育工作者和家长来说，让孩子的分析天赋和抽象想象的才能从我们的指缝溜走太容易了。等到这些孩子上大学的时候，我们就该尝到苦头了。

传统意义上，只有最优秀、最聪明的学生才能上大学，尤其是在自然科学方面，大学也以这些学生为荣。看

KNOWLEDGE IS POWER
Post Cover • October 27, 1917
69

起来我们只是教会了孩子们怎样去消耗，而不是教他们怎样去思考和创造。我们为什么教他们去相信，而不是批判性调查和分析呢？爱因斯坦曾经说过，学校教育没有扼杀好奇心真是奇迹。如果比较一下这两幅画，一幅是荷兰画家杨·斯特恩描绘的学校（第23页图），一幅是美国画家诺曼·洛克威尔描绘的学校（第24页图），也许我们反倒会更喜欢前者呢！斯坦伯格的画中所隐含的、我在本章的一开始也提到的办法：就算是纽约人也需要通过旅游开阔眼界、变得更现实才行。既有事实很难被打破，新发现的事实都不尽然，它可能会挥之不去，直至迫使我们彻底动摇最基本的信念。

可靠消息称……

无处不在的权威是寻求真相的路途上始料不及的威胁之一。专家们总在给人们提供过量的建议。你甚至没来得及产生问题，就已经有人告诉你答案了。但是如果你能不畏权威，好奇心又带你走进更广泛的新领域，那么你就会面临着新问题："我们怎样知道哪些是可信的呢"以及"我们观察到的结果有多可靠"。

小时候，我和大多数荷兰孩子一样，相信圣·尼古拉斯是一个好脾气、银胡子的老头，他会给我带很多礼物。[1]我坚信这一点，也相信父母告诉我的，毕竟我见过主教本人乘坐一艘旧蒸汽船到达阿姆斯特丹港，巡游购物商场。晚上他应该骑着白马在屋顶上穿行，他的仆人黑彼得会把礼物从烟囱扔到屋里，然后这些礼物就到了我们早就挂在

---

[1] 关于圣诞老人的神话有个演变的过程，最早源于 4 世纪士麦那（今位于土耳其）仁慈的主教圣·尼古拉斯。我所描述的他的事迹，至今每年 12 月 6 日，在欧洲西北部几个低地国家还在庆祝，并且和原始的庆祝方式变化不大。圣·尼古拉斯和现在圣诞节坐着驯鹿雪橇、开心的老头的形象完全不同，后者出现在盎格鲁 – 撒克逊文化中，19 世纪才现雏形。

火炉旁的鞋子里了。我们在鞋子里为主教的马放了根胡萝卜或是稻草，还放了一幅画给主教看，确保他对我们很满意。我们没有任何理由怀疑主教的存在，或是怀疑和他有关的故事：因为我们见过他骑着白马，第二天早上出现在我们鞋子里的礼物也千真万确。

这个传说的起源很有趣，因为它奇妙地结合了享乐主义和基督教的风俗，随着时间的推移，最终变成了有些匪夷所思的教育手段。圣·尼古拉斯以前还拿着一本厚厚的、像《圣经》一样的书，书里详细记载着每个孩子在一年里所做的各种好事和坏事。

如果你一整年都表现得不错，就能拿到糖；可如果你淘气，黑彼得会把你装进袋子，让主教带回他在西班牙的宫殿。主教的仆人应该帮了他不少忙，因为这些仆人一刻不停地监视着我们的一举一动。不怎么高明的教育家们总会滥用这个故事，威胁孩子再不听话就把他们装进袋子。恐怕现在还有很多国家的孩子唱着这样的歌词：虽然他是黑人，但他心地善良。

小时候我是真的相信圣·尼古拉斯，参加了这些有利可图的庆祝活动，直到我终于开始怀疑这一切的可能性，我的信仰开始出现一线裂缝。而我个人的一些经历加重了我的怀疑：我曾经在同一个街道看到同时有两个圣·尼古拉斯；还有一次，我很确定听到的是我叔叔的声音；还有一天，我发现父母卧室的柜子里塞满了礼物。但是信仰是很顽固的，我全盘接受父母慌慌张张丢给我的任何解释，这样我就不必放弃我长久以来的信仰了。

后来人们又引入圣·尼古拉斯的助理这一新等级，很明显，一个主教因为扛不动所有孩子的礼物，这当然也是为什么他要把礼物藏到某个地方，比如父母卧室的柜子里。

但是在某个时刻，好奇心终究占据了上风，我不得不接受这个显而易见的事实，那就是整个事情就是个骗局——因为我看见圣·尼古拉斯拿掉了他的胡子！什么？我父母这么多年来一直在骗我？是的！承认这个事实以后，我父母立即邀请我加入成年人的行列，和他们一道来骗我的弟弟们。打不过他们就加入他们！我从没想过背叛我的信仰，因为在认清事实之后，我被建议不要夺走别人的信仰，这种做法就和偷东西差不多。打破信仰还有另外的代价：我以后再没有资格把鞋子放在壁炉前了。不相信圣·尼古拉斯的故事就没有礼物。

关于圣·尼古拉斯的经历有极大的教育意义：它教会我不要总是立即相信自己看到的或是别人告诉自己的事情。毕竟，黑彼得怎么可能从烟囱爬进来，再把礼物整齐地摆放在鞋子里呢？更有意思的是，我接受了这个痛苦的发现，即世界上最大的权威、最值得信赖的盟友——父母说的并不总是真话！回想起来，这个事情告诉我，要拒绝变成"成规"的一部分，实在是太困难了。这些经验在我日后的科学生涯中意义重大，我应该用批判的眼光看待证据。给你们讲这个故事是因为：它包含了一切构成好奇心的价值的基本要素，告诉我们去神秘化的困难在所难免。谁都不是无可怀疑……甚至是圣·尼古拉斯！

跨界

我们都喜欢旅游，到世界上的其他地方增长见识、开阔眼界。我们会通过信件、电子邮件、博客或相册把旅程记录下来。佛兰德的诗人雅各布·范·马兰特，写了本著名的自然百科全书《自然文摘》。这本书模仿学识渊博的圣多明我会教士托马斯·德·坎廷普雷（1201—1277）的《物性论》，后者又是受生活在一世纪的罗马诗人、自然哲学家提图斯·卢克莱修·卡鲁斯同名著作的启发。范·马兰特至少有13部作品，涉及植物、动物及一系列让人叹为观止的海洋动物，本章讲述的海怪就是其中之一。

除此之外，《自然文摘》中也有关于人类的内容。这套书是个极大的知识宝库，当然是对那个时代而言。另外值得一提的是：这套书不是用拉丁语，而是用佛兰德语写成的。甚至在科普这个词还没出现之前，范·马兰特就已经是科学普及方面的大家了。用今人的眼光来看，这个庞大的数据集合实际上包括一些很奇怪的条目，混合着引发想象的悬念。它肯定也让不少中世纪的佛兰德人度过了许多不眠之夜。与其说陈述事实，这套书目更像是一部小说。例如，他对居住在另一半球的人类行为是这样描述的（见下图）：

　　那边住着这样的人，他们以苹果香气为生，不用吃其他食物。若他们要走远路，就会在自己面前放一个苹果；他们如果闻到其他难闻的味道，就会死去。

　　看到了吧，与之相比，素食主义者甚至纯素主义者还有很长的路要走！书中还描述了世界其他地方：比如，某地的女人生完第一个孩子后，头发会立刻变黑；或者某个民族的女性一怀就怀 5 胞胎！毫无疑问，这些情况都让人尴尬，但和另外一群非比寻常的人相比又好太多。另一群人的习俗是：等到老人上了年纪动不了，就把老人打死，之后一起坐下来把他吃掉。范·马兰特客观地评价："他们认为这种做法是种善行，既不会引起内疚，也不能称之为邪恶。"我们可能会对这样的无知皱眉或微笑，但这种无知反映了一个事实，那就是在中世纪早期，地球在很大程度上依然是未知领域。想想看，这些可以看作斯坦伯格图画的早期版本，我很怀疑，即便如今有定位精准的地图，人类无知的本质也并没有改变。

显然，这位饱学之士对于自然世界的描述虽令人兴奋，却同样不可靠。毫无疑问，尽管他想要传播科学和自然真理的精神值得称颂，但仅仅成功了一小部分。当然，他对自然的揭示成功地引起了大家的好奇心。今天的情形和过去相比，也许比你设想的更为相似。现在依然是：从道听途说到"据我们所知的可靠来源……"。

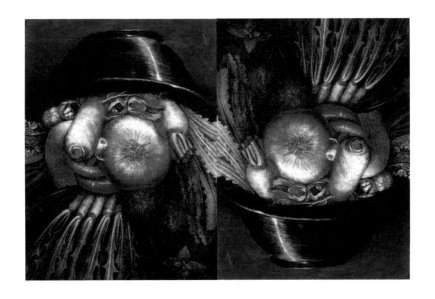

我们最好还是多问问自己，到底我们的信息来源有多可靠，尽管事实可以有多种解释，就像意大利画家朱塞佩·阿尔钦博托（1527—1593）的作品《蔬菜园丁》一样。

我必须承认自己并不比范·马兰特好多少。我喜欢在旅途中拍照片，习惯花很多时间在计算机上，创作出能代表我的冒险行程的影集。一般我会做得非常细致，完成剪切、粘贴等全部工作，然而这个最终产品极少能真正反映出旅途中发生的事情。"润色"这个词很准确地描述了我重写及修饰个人历史的过程。也许你明白我想说什么：将自己笨拙样子的照片删掉；有些照片被剪掉一半，因为这样"看上去才美"；至于从宾馆房间里拍摄的难看风景照则完全不会出现在影集里。从长远来看，影集还会动更大的

"手术"。有些照片会被删掉，因为已经时过境迁：那些你正在抽着香烟的照片、不想看到的前任的照片等。我们最终看到的是彻头彻尾的、关于我们过去的赝品，而这应该是出于我们对完美回忆的强烈需求吧。

这种美化过去的形式把生活变成了某种永无休止的求职面试。

克罗地亚作家杜布拉夫卡·乌格里西奇认为这个过程就像我们每个人都忙着给自己竖立纪念碑，并且和其他纪念碑——骑马的将军、人民的解放者、墓碑和陵墓——大同小异。影集和之前提到的斯坦伯格的画作有共同之处，都体现了普遍性和相对性。有了图片处理软件（如 Photoshop）这样先进的工具，本该捕捉我们青春瞬间的照片将会慢慢变成一张让所有人都满意的精修照。

互联网时代，同样的情况以领英（LinkedIn）、脸书（Facebook）上个人主页的形式继续存在，你可以上传满足个人需求而不是真实的照片。实际上，这些照片甚至连你的需求都不能反映，它反映的不过是社会环境的期望罢了。

我们为这种盲从态度付出的代价是多样性的迅速崩塌。与公众对某些品牌衣服的着迷相似，这也是对个体品位多样性的攻击。"多数决定原则"和公众的期待取代了个人判断，"知道穿什么"优先于真实性。所有这些趋势都反映出人们迫切想要将自己转变为理想消费者的企图。

你可能发现我的语气多少有些轻松，尽管事实上我们处理的是严肃的主题。很显然，我知道一些更戏剧化的曲解事实的例子。系统地剪切、粘贴客观证据，从而建造出人为的真相，这种做法并不罕见。"历史是由胜利者书写的"，这句话由来已久。尽管如此，对同一事件，经常也会有众多版本的历史记录。

我们如何避免因个人偏见或需求而导致对真相的扭曲？从绝对数值来讲，很难，有限数目的观察总是会允许多种合乎数据的"真相"存在。但是，如果我们不追求绝对真相，而是寻求"看起来更好"的真相，那么系统地提升我们所得知识的方式自会简单得让人吃惊，而且在科学界存在已久并广为接受。为切实提高观察的真实值，我们应该把几个独立观察者的数据结合起来。总之，思路是确保所提供证据和信息的非垄断性。假如不同来源的事实看起来不一致，我们又相信来源的可靠性，就不得不扩大范围来解释和讨论这些事实。这意味着我们要超越旧有的观点，因为真正的事实只有一个。正如本书所讨论的，此种超越在科学界的重大转折时刻会起到关键作用。

难以根除的偏见

我唯一需要说明的是：一般人除了通过可感知的

客体外无法设想这些量，并由此产生偏见。为了消除偏见，我们可以把这些量分为绝对的与相对的、真实的与表象的以及数学的与普通的。

——艾萨克·牛顿

科学研究的习惯使人在承认证据的时候保持审慎的态度，除此以外，科学与（宗教）没有任何关系。

——查尔斯·达尔文

获得可靠信息需要独立观察及公开这些观察结果的自由。这意味着负责信息观察的主体的独立性要有宪法保障，不论他们是政治家、法官、记者还是科学家。西方社会一直很谨慎地确保政教分离、立法和行政分离。但是对于被市场力量直接影响的媒体和科学界，我们要宽容得多。因为大家都认可，受利润因素影响，市场并不总是完全尊重真相。独立研究意味着：诚实、正直的品质在人类研究的所有领域都应该被严格保护。

科学需要民主和民主程序的透明，但令人惊奇的是，科学发现很不民主。科学真理靠的不是"少数服从多数"这一民主原则，和"我们想要什么"也毫不相干。在科学界，可能只有一个人是正确的，其他人都是错误的。验证科学真理需要精心设计的实验，而不是比拼人气。在这个意义上，通俗媒体和政治热捧的成功与在科学界的成功有天壤之别。

可靠的观察对于科学不可或缺，确保可靠性最简单的办法是：测量结果换个时间和地点仍可复制。但有意思的是，曾经有过一本奇特的期刊叫作《结果不可复制》，可想而知，这本期刊一定是所有科学期刊中最厚的。即便如此，互联网还是要比这本期刊厚，因其有着最大数量的不可复制的事实。这本期刊也有其可取之处，至少它的名字说明它很讲诚信，它指向即使是经验科学也要获得明确证据。理论科学家经常讥讽说："直到实验被理论证明才可以相信。"即使在好的科学中，观察、想象和解释之间复杂的关系一直都很微妙。科学家也是人，像大多数人一样，他们也有自己深信不疑的观点以及对功名利禄的渴望。毕竟，目前他们获得的资助在很大程度上取决于名声，而这种情势可能会影响科学诚信。

就算科学家不趋名逐利，他们处理起冰冷的事实也不容易。他们有自己的偏好，研究结果并不管他们的好恶和期望。即使是最伟大的科学家，在接受自己最伟大的发明时也是挣扎了一番的。原因是：这些发现有可能毁了传统智慧，或是学说中最重要的支柱。

著名物理学家维克多·韦斯考普夫讲过一则众所周知的逸事。在第二次世界大战之前，他在德国哥廷根学习相对论和天体物理课。课程的主讲人是比利时的教士勒梅特阁下，此人对爱因斯坦的广义相对论做出了绝对出色的基础贡献，尤其是提出了著名的大爆炸原理，详细描述了我们宇宙的演变。那时候，勒梅特对测定地球的年龄特别感兴趣，他采用基于地壳中长期存在的放射性元素含量的方式来测定地球的年龄。如今，放射性年代测定法是很多领域采用的基本方法：大范围应用在测定沉积物的年龄、测定祖先遗骸的年代以及确定某幅画作是否为某位名家的真迹。维克多·韦斯考普夫回忆起他们师生课后的一次对话。那节课上，勒梅特讲到地球的年龄应该是 45 亿（4.5×10^9）年[①]。

　　上完课后我们和他坐在一起，有人问他是否相信《圣经》。他说："我相信其中的每一个字都是真的。"但是，我们接着问他，如果《圣经》说地球年龄只有 5 800 年，他怎么能告诉我们地球年龄有 45 亿年呢？他回答道："这并不矛盾。"他解释说，5 800 年前，上

---

　　① 关于地球的年龄有过很多争论。创世纪论支持者们根据《圣经》推测地球的年龄小于 5 000 年，比玛雅人推测得多。事实上，勒梅特的观点还是有些滞后，考虑到英国博物学家菲利普·亨利·戈斯在他 1857 年的《脐——解开地质结的尝试》一书中已经指出，相信《圣经》的创世纪说就意味着对地理事实的全盘否定。达尔文也根据地理证据推测地球年龄在 3 亿年左右，遭到伟大物理学家开尔文勋爵的强烈反对，后者直至去世都认为地球年龄不超过 3 000 万年。我们现在知道，他的测算遗漏了相关的物理学部分。当代的测定结果是把放射性测定年代法应用至最古老的岩石和很多陨石上，得出地球年龄大约在 45.5 亿年（只有大约 1% 的不确定性），因此现在的情况基本上证实了勒梅特的结论。巧合的是，这也被认为是整个太阳系的年龄。

帝创造地球时，用的是如化石和其他比较老的放射性物质。上帝之所以这么做，就是为了检验人类是不是真的相信《圣经》。我们又问："如果这不是地球的实际年龄，你又何必费心费力地寻找答案呢？"他回答："只是为了让自己相信，上帝不会犯任何错误。"

知道事实是一回事，接受起来却是另一回事。这让我想起前文提及的我和圣·尼古拉斯的故事，类似的事情在科学史上不断上演。伟大的物理学家亨得里克·安顿·洛伦兹对狭义相对论贡献巨大，但同时他又无法接受爱因斯坦抛弃"以太"的基本假设。

"以太"曾被认为是一种无所不在的物质，如光和无线电波等电磁波的传播都离不开它。爱因斯坦证明了"以太"并不是必需的，电磁波和无线电波都可以在真空中传播。可是爱因斯坦本人也不是全盘接受事实证据的。他的广义相对论最深远的影响是：它意味着世间存在着一个动态宇宙。根据他提出的著名等式，宇宙并不是永恒的、静止的，而是在时间里演变。让人吃惊的是，爱因斯坦强烈反对这个想法，最起码在一开始是反对的。后来，爱德文·哈勃在1928年发现我们的宇宙确实在膨胀后，爱因斯坦说自己早期对这个想法的抵制是"我一生中最大的错误"。

爱因斯坦的另一个故事和量子理论有关。这个发明了相对论的科学巨人也开创了量子理论。奇怪的是，他因对量子理论的贡献获得了诺贝尔奖——确切来说是光电效应——而不是他取得辉煌成就的相对论。尽管量子理论取得了巨大成就，爱因斯坦却拒绝接受该理论的基本原理。量子理论让现实世界变得不可预知，这对爱因斯坦来说是难以逾越的障碍，于是也让他说出了那句"这不可能为真"的感叹，因为"上帝不掷骰子"。

接着就是埃尔温·薛定谔，他是第一个写下揭示现实量子本质基本方程的人。可当他意识到自己的发现会引起巨大的概念革命时，又在一定程度上疏远了自己的成果。

最后一个例子是关于英国著名物理学家保罗·狄拉克的，他在以自己名字命名的完美方程式中调和了量子理论和狭义相对论的矛盾。很显然，当他意识到这个方程式意味着反物质的存在时并不开心——这是个从没听说过的结果，即自然界中的每一种粒子，都存在着和它质量相等、其他性质相反（如电荷）的粒子。几年后，当反物质出现在实验中时，那时候的他当然非常开心。

给大家讲这些故事是想告诉大家，就算是接受自己的发现也是极其困难的，特别是当你的发现和你长久以来坚持的想法大相径庭时，因为你害怕自己的发现会带来一场巨大的科学革命，甚至会影响到科学巨匠。然而，现在看来，这些惊天动地的新视角恰恰是他们在科学进程中做出杰出贡献的佐证。

解密地球母亲

古希腊人已经知道地球是个球体。他们推测地球是宇宙中心静止的存在，古希腊天文学家埃拉托色尼甚至算出地球周长为 252 000 斯塔德（古希腊长度单位，约为 607—738 英尺 ①），大约 45 000 千米，和正确数值相差约15%。此后的几个世纪，罗马人持类似看法。让人震惊的是：这种看法在中世纪早期消失了，很显然，当时被广为接受的看法是地球是平的。当时的大问题是这个平面世界是有限的还是无限的：即地球有没有一个边缘？人会从这个边缘掉进"地狱的深渊"吗，还是说地球是一个无限的平面？用严谨的科学眼光来看，作为一种假说，地球平面说值得尊重，因为这种假说可以证伪，即通过仔细观察可以被验证是错误的。那时人们知道，远航的船只会消失在地平线以下；人站得高就望得远；月食的时候人能看到地球像盘子般的影子。类似的事实，任何想要证实的人都可以轻易做到，因此不能轻描淡写地置之不理。这些事实成为争论中的决定性因素，地球平面说随时间的演变渐渐消失。这一幕解释了科学中另

---

① 1英尺约为0.3米。——编者注

　　一个被看重的原则，即错误的理论要比模糊的理论珍贵得多。正如理查德·费曼所言："我们都希望尽快证明自己是错的，因为只有这样，我们才能进步。"

　　不能被证伪的理论可能很有趣，但是从科学角度来看，则让人头疼不已。无法系统性地根除错误选项造成的后果是，我们陷入了一种不同思想学派各持己见的境地。这种情况不仅不利于进步，而且经常会演变成各派固执己见的无用争斗。极端情况下，学生们甚至不准阅读反对方写的任何文章，这和科学研究的精神背道而驰。

　　我们必须要对勇敢的探险家克里斯托弗·哥伦布表示感激，他是对地球中心说进行实际检验的第一人，他

的船队一直向西航行，希望能找到到达远东的另外一条航线。我们都知道他们最终没能到达远东，却意外发现了美洲——这也是"无心插柳柳成荫"的绝佳事例。事实上，伟大的探险家们确实勇敢，因为就算地球是个球体，也依然有掉进洞里或是不小心从地球表面掉下去的可能性。就算你没有掉下去，也还是要面对住在南半球的"对面的人"。这些"对面的人"没有从地球表面掉下去，表明他们和正常人类完全不同，而且肯定不如我们优秀，还可能穷凶极恶，正如 1517 年的《哲学珍宝》所描绘的那样（第 43 页图）。

　　脑子里装着关于世界地理的可怕假设以及但丁《神曲》里所描绘的炼狱景象，出海探险在当时真不是件易事。

　　认识到人住在弧形表面是革命性的。这无须过多"突破桎梏"的思维，而是需要"突破平面"的思维。恰如爱因斯坦所言："今天我们面临的重大问题，是无法用我们当初发现问题时的思维水平来解决的。"住在地球上的我们被局限在球体的二维表面上。这种表面有两种很特别的属性：没有界线（没有边），但是有有限的表面积。无边有限听起来有些矛盾，但这样一种对于我们所处环境的见解最终造就了重大的社会文化影响。有限的面积意味着可以充分探索；很显然，我们居住的地方是个可知世界。如今，我们又一次直面这一事实产生的重大后果：我们已经意识到地

43

球资源是有限的，这也就意味着经济增长会有个界限。根据周期原则而不是无限扩张原则，人类应该作为一个整体为世界的可持续发展而共同努力，因为地球是目前所知的唯一可居住的星球。法国耶稣会士、古生物学家泰亚尔·德·夏尔丹（1881—1955，中文名德日进）在《人的

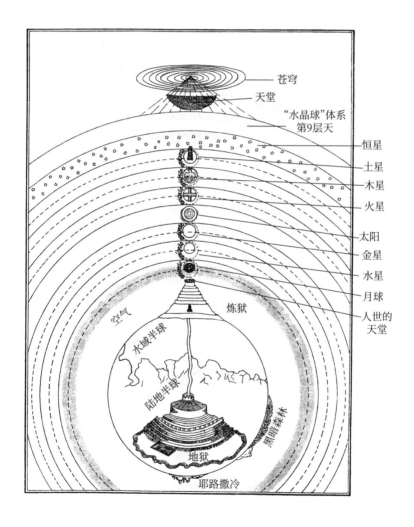

现象》一书中，提出世界范围内社会和政治的整合不可避免，这证明了他是个真正的全球主义者。

地球无边这一特点表明：一个几何学中深奥的数学定理是如何产生深远后果的。这个定理即界线本身没有界线。地球表面是一个固态球体的界线，所以表面本身无界线。受现代空间意识的严重影响，我们习惯性地认为地球表面就是一个球的表面，我们想象这个球嵌在普通的欧几里得三维空间。在这个体系里，一个点用三个维度来表示：长、宽、高。

地球表面是二维的，若想要描述它，只需地图册里收藏的二维地图就足够了。这个平面图片的集合让我们可以重构地球表面的所有特征，包括拓扑结构[①]和曲率。想了解拓扑结构和曲度特性，我们无须离开平面，做二维实验就够了。假设有位蚂蚁女士站在篮球表面，然后开始朝某个方向沿着篮球表面"径直向前"走；如果她一直走下去，那么她最终会回到出发点。根本不用离开表面，她就能证明自己住的地方不是无极限的平面。同样在这个篮球上，蚂蚁女士也能画个由表面直线所构成的大三角形。如果她能够测量三个角的话，把三个角的度数相加，得到的结果总是超过 180°。这对蚂蚁女士来说太震惊了，她可是在一所普通高中学了两年的几何！这再一次证明：你的测量结果并不一定都能符合你的预期。

我打算以此结束这部分内容：为了探索地球的几何结构，人类第一次把平面空间的概念转换成曲面空间的概念。但这不会是最后一次，以后我还会更详细地讨论。随着爱因斯坦广义相对论的发现，我们不得不将宇宙作为一个整体再新加一个维度。科学家们不再认为圆是平面中的封闭曲线，或者球面是二维弯曲空间，他们不得不开始把三维

[①] 一个封闭的二维表面的拓扑结构是由其上的洞的数量所决定的。二维地图的表面没有洞，因而其拓扑结构与桌子等价。甜甜圈有一个洞，因此，其拓扑结构与带有一个杯柄的咖啡杯等价。

的球"表面"想象为一个构成了四维球边界的"超曲面"，而三维空间自身没有边界和有限体积。正如预料的那样，我们的世界是一个弯曲时空的观点遭到了抵制和怀疑。我们只能利用形式类推或黎曼在 19 世纪发展的非欧几里得几何才能理解。很明显，我们需要开发所有的想象力，创造新语言，才能准确描述事物究竟是什么样子。

雷、闪电及黑洞

新的科学发现通常会遭到人们的坚决抵制。这种抵制部分出于人们正常的怀疑和批判性思考，另一部分则是出于害怕失去曾经的阵地。想象和期待凌驾于观察之上，尤其是当这些观察招致令人不悦的真相时。如果神话能给出多种可供选择的解释，同时也更灵活更有用，那么神话更

吸引人。可是在卫生或经济领域，偏爱神话常常导致令人痛苦的欺骗。

想想本杰明·富兰克林和儿子威廉·富兰克林 1752 年在费城附近的斯古吉尔河河岸进行的相当危险的实验吧。他们在雷雨天气中到室外放风筝，希望闪电能击中可怜的风筝。这能使富兰克林证明自己的猜测，即闪电不过是从云层释放到地表的电荷罢了。[①] 如果他猜对了，连着风筝的电线就会把巨大的电流导至地面，而借助于某个仪器应该能测算电流数值。下页图描述的场景可能不太准确，因为很显然，用自己的手去测量电流不是正确做法。现实中也有这样的例子，和富兰克林同时代的格奥尔格·威廉·里奇曼教授，在俄罗斯圣彼得堡附近做了类似的实验。他出于好奇，在弯腰看风筝线时离得太近，结果被闪电击中，一个火球滚到他头上，让他死于非命。这也说明好奇并不总是好事。但无论如何，富兰克林确实成功了，并且开心地宣布了他的这一发现。

过去，人们以为如闪电、洪水、森林大火及地震等自然现象，都是超自然力量干预的结果，是神发怒的迹象。确实，许多宗教都有围绕这些自然灾难而建立的大量神学教义，里面通常会说灾难是因为某种至高无上的力量对地

---

① 严格来说，这足以证明云层就地面而言是带电的，因此，通过在云中放风筝才能产生电流。雨云下方带负电荷，上方带正电荷，这样就解释了如下页图中所示的闪电。

球上人类的做法感到生气而产生的，所以最好别惹这种力量。不用说，神灵的不满会滋生恐惧：很显然，我们中有罪人，都是罪人惹的祸。作为对灾难的主要解释者，教士通过这种方法获得对教众的更大控制。

风筝实验后不久，富兰克林就把自己的发现转变成一个很简单却非常实用的发明：避雷针。在屋顶上立根铜棒，连着一根能导电的通到地面的电线，就可以永不遭"天谴"。这种方法比买赎罪券或祷告管用太多。这

富兰克林的实验

一伟大的设计很快受到了大家的欢迎——当然，除了那些教父，毕竟他们本可以通过卖赎罪券获得巨额利润。安德鲁·迪克森·怀特在他的两卷本《基督教世界中科学与神学作战史》中讲到，在意大利布雷西亚发生的一次灾难性事故最终让罗马天主教会相信了避雷针的作用。威尼斯共和国在圣纳扎罗①的教堂里储藏了大约 20 万磅（1 磅 =

————————————

① 位于今意大利米兰。——译者注

0.454 千克）重的火药。1769 年，闪电击中了教堂并引爆了炸药。六分之一的城市被毁，3 000 多人丧生。直到 1777 年，意大利锡耶纳教堂屋顶上终于装上了"异教"的避雷针。至此，这场争论至少在意大利算是尘埃落定了。

也有人可能反驳说这个故事有些老掉牙了。对此我的反驳是：正是因为时间久远，才让我们清楚看到并理解此种情形的荒谬。令人惊讶的是，时至今日，这样的事情仍在上演。例如，在 2003 年，美国俄亥俄州的《芬德利快递》有这么一篇事故报道：

> 周二晚上，在俄亥俄州福雷斯特的第一浸信会教堂，一名客座福音传播教士在布道讲到忏悔时，请求上帝给些启示，接着教堂的尖顶就被闪电击中，教堂起火。"太神奇了，简直太神奇了！"教会成员罗尼·切尼说道，"他想要上帝的启示，他就如愿以偿"。大约下午 7 点 45 分，闪电击中了第一浸信会教堂的尖顶，电流通过电线，毁坏了教堂的音响系统。切尼说闪电流经麦克风，包围了该教士，但教士毫发无伤。之后，仪式继续进行了大约 20 分钟，教众才发现教堂起火，人群被疏散，没有人员伤亡。火灾对教堂造成的损失大约为两万美元。

虽然听起来非常滑稽，但在世界很多地方，带来更严重后果的自然灾害仍然被理解为是某种至高无上的力量给予我们的惩罚。1953 年 2 月，洪水淹没了荷兰的西南部，近 2 000 人死亡，很多人认为是上帝在惩罚我们这个虔诚信仰他的国度。

如今我们有了当代版的"异教避雷针"。事实上，这次事件与之前正好相反，科学被指责带来灾难，而不是根除灾难。我指的是人们对启动全球最大的粒子加速器[①]可能存在危险的担忧。讨论也许会长时间推迟加速器的启动，但这不是因为如真空装置泄露、动力装备过热、超导磁铁淬火、检测器电路短路或是数据搜集软件故障[②]等技术问题。反对的声音与其说利用了固执的偏见，倒不如说利用了外行人对未知事物的恐惧。2008 年 3 月，来自美国夏威夷已退休的辐射安全专家沃尔特·瓦格纳、西班牙科学作家路易斯·桑丘在檀香山提交的一份诉讼称，大型强子对撞机中粒子的撞击会导致在狭小空间内巨大能量的溢出，由此可能会制造出一个小型黑洞。最终的结果可能会导致小型黑洞吞噬整个地球。按定义来说，黑洞的图像不是黑洞本身，而是它周围可能会发生的情况，比如形成一个吸积盘（如下页图）。另外，还可能会生成一种被称为"奇异物质"

[①] 即位于日内瓦欧洲研究中心 CERN（欧洲粒子物理研究所）的 LHC（大型强子对撞机）。

[②] 从 2008 年 10 月起，10 000 多个连接点中的一个极小却致命的焊接错误，给加速环造成了实质性损害。

的新粒子种类，也叫"磁单极子"，这种具有传染性的死亡物质非常危险，会导致普通物质的完全毁灭，给地球安全造成威胁。

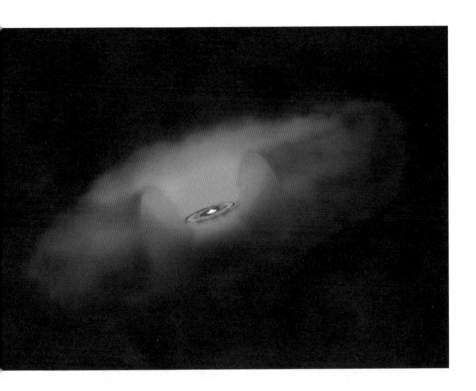

这两个人要求立刻停止对撞机的建造工作，直到能证明它的安全性。价值 80 亿美元的机器，马上就要完工，结果夏威夷的某位辐射安全专家却要竭力阻止这件事！如果他们是对的，那么这个机器及其巨大的侦测器会第一个消失。下页图是 ATLAS（超环面仪器）粒子侦测器的建设初期。被认为是真正专家的科学家们，基本上都认为这样的

恐惧纯粹是幻想，诉讼根本没有意义。专家们认为二人控诉的理由建立在错误预测的基础上，使用了高推测性理论。问题在于：尽管你可能无法证明某事会发生，可是你也同样无法证明它肯定不会发生。更何况，这个"某事"，很可能会制造出吞噬整个地球的黑洞，给人类带来灭顶之灾。一些超级聪明的书呆子、所谓的"粒子物理学家们"，在法国和瑞士边界，在美丽的日内瓦附近的地下 100 米深处制造了它。再没有比用想象吓人更容易的事情了，而恐惧又常常会像病毒一样传播，这种情形一旦发生，单靠有理有据的争论很难让感染了恐惧症的人摆脱恐惧。即使专家们集体保证说"不用担心，它是安全的，开心起来吧"，还是会有人造谣专家们参与了这个秘密阴谋。这可真是丹·布朗《天使与恶魔》绝佳的后续，它显示了现实如何被想象打败。

大型强子对撞机故事的结尾还是给了科学界一些希望，只是不足以阻止其他人的攻击。一批没有参与建造和参加任何实验的独立科学家开始对 LHC 做安全性评估，以检查该项目是否存在危险的高能量物质状态。

评估报告的结论很肯定：如果诉讼声称的任何一种危险意味着现实威胁，我们很早之前就该知道了。由于极高能量的宇宙射线和粒子的撞击，我们本该在地球的临近区域观察到许多巨大的内部和外部爆炸，因为这些射线和粒子的能量超过了 LHC 中粒子的许多倍。评估委员会以罕见的、坚定的话语拯救了LHC："宇宙作为一个整体，每秒钟都在进行着超过10万亿次类似LHC所做的实验。任何危险后果发生的可能性都和宇航员们看到的相矛盾——星星和银河依然存在。"多亏了这份报告，负责受理此案的美国法庭才能表明这项指控"有很明显的猜测性质，并不可信"。至此，这场意图中止世界上最大的粒子对撞机的"末日诉讼"告一段落。

从进化到 HIV

另一场带有科学光环的争论发生在21世纪初的西方世界。一个因宗教引发的话题吸引了人们的注意力，因为一些重要的宗教和政治领袖都在这场争论中持有坚定立场。争论围绕着和进化论有关的概念展开。"智慧设计论"登上历史舞台，宣称自然界中明确存在着"不可还原的复杂性"的例子。他们的主张是：现代生物学的中心论点——根据达尔文的进化论，所有有机体都是从最原始的生命形式进化而来的，这一论点无法解释所有事例。

这次的攻击没有按常理出牌。惯常的科学做法是：研究者向可靠的、经同行评审的期刊提交悉心研究的成果。问题越重要，所选期刊就应该越权威、越审慎。可是"智慧设计论"的攻击策略里包含了一种似曾相识的、偏离科

学实践标准的动机。这种动机可概括为：现有科学体系绝
不允许发表这样一篇推翻当前中心论点的论文。这不足为
奇，谁会愿意给别人提供炸药来炸掉自家房子！多数科学
家认为：这种策略和伪科学的逻辑不谋而合，因此不足为
信。在选择发表哪些论文时，现有的科学体系虽远不完美，
但还算公平，许多革命性突破，例如相对论和量子论，就
是在这种残酷的同行评审机制中脱颖而出的。

"智慧设计论"事件中的事态发展过程是异常的，这种
自行其是、整本发表自己新发现的做法是一种警告。生物
学界因此试图用进化的原则来解释那些事例，所谓"不可

还原的复杂性"其实也不像倡导者们宣称的那样不可还原。这场争议在 2005 年因奇兹米勒向美国宾夕法尼亚州中区地方法院提起诉讼而达到顶峰，在这场诉讼中，11 位家长联合起诉多佛学区计划把"智慧设计论"纳入科学课的课程设置。法官约翰·E. 琼斯三世给出了措辞强硬的判决书，在长达 139 页的判决书中，他详尽论证了如下观点：在公立学校的生物课堂讲授"智慧设计论"违反美国宪法第一修正案，因为"智慧设计论"不是科学，它无法摆脱创世论，因此具有宗教渊源。

我从此事件中学到的教训是：对我们不理解的事物给出重要结论是非常危险的。可取的方法是：从我们真正了解的事物中得出一些小结论。我提及此案的原因是它迅速席卷公共领域，让人措手不及，并可能会造成严重损害。"智慧设计论"运动？这在很多人看来就是彻头彻尾的反科学，却坚称其生物学观点要成为高中标准化课程设置的一部分，以平衡当今以进化论为基石的科学课程中暗含的"虚无、反宗教"的内容。我只能支持美国及其他各地许多科学组织对此进行措辞强硬的回应，他们号召家长和老师不要赞同"任何要求学生对久经检验的科学进化论和疑窦丛生的'智慧设计论'进行比较的教学计划。宗教教条不管怎样伪装，都不应该出现在科学课堂"。早在 2002 年，严谨的科普期刊《科学美国人》发表了一篇非比寻常的文章，题为"给胡言的上帝论者的 15 个回答"，文章开头就提及：

达尔文在 143 年前通过自然选择来介绍进化论时，当时著名的科学家们对此进行了激烈的辩论，但是古生物学、遗传学、动物学、分子生物学以及其他学科中产生的大量证据逐渐确立了进化论不可置疑的真实性。如今，当初的争论在各个领域都取得了胜利——除了公众的想象。

你可能认为，经过几个世纪的科学发展，神话和迷信毋庸置疑会退出历史舞台，但事实并非如此。2006 年 8 月，知名期刊《科学》报道，在美国，公众对进化论的支持率在降低！1985—2005 年期间，承认进化论"真实"的成年人从 45% 降到了 40%；反对达尔文理论的人数也在减少，从 48% 降到 39%，但表示"不确定"的人数增加了 2 倍，从 7% 上升到 21%。看来中世纪从没有真正结束。但这篇文章也准确指出问题所在：

78% 的成年人，在给他们看不带"进化"字眼、有关自然选择的描述时，他们会赞成植物和动物进化的描述。但是在同一个研究中，62% 的成年人相信上帝创造了完整的人，而非进化。看起来，很多成年人选择了"人是个例外"这样的视角。从这种视角可以看出，许多成年人试图将现代遗传学融入他们对生命的理解当中。例如，只有三分之一的美国成年人承认人类有超过一半的基因与老鼠相同；只有38%的成年人认识到人类有超过一半的基因与黑猩猩相同。还有研究表明，能给出DNA最简单定义的美国成年人还不到总数的一半。因此，在2005年的调查中，有近一半的调查者并不清楚人类基因与老鼠和黑猩猩有重叠部分也就不足为奇了。

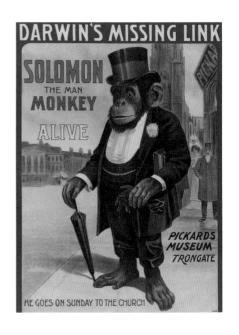

关于宗教和科学在现代文化中的利益冲突，我们稍后再谈。为了说明这次的问题，我参考了一些很有意思的书，如理查德·道金斯的《上帝的错觉》和丹尼尔·丹尼特的《打破魔咒：宗教是种自然现象》。开始这场论战意味着我要非常熟悉这个领域，因此我还是用芝加哥大学杰里·科因就此问题的一些中庸说法来结束这个话题：

接受进化论并不需要抹杀道德和人生的意义。进化论只是关于生命多样化的过程和模式，不是关于生命意义的宏大哲学计划。哲学家们多年来一直在争论道德伦理是否能在自然中找到依据。进化和道德之间当然没有逻辑关联，也不存在因果关联。欧洲的宗教远不如美国普遍，对进化论的接受则更广泛，但是仍然高度文明。大多数宗教科学家、外行和神学家已然证明：接受进化论并不妨碍人们过有道德、有意义的人生。同样，宗教是意义和道德的唯一基础这种想法也不对：世界上有很多品性善良的怀疑论者、不可知论者以及无神论者，他们的人生也很有意义。

还有很多戏剧性的事例，一些掌权者和机构没有使用清晰、理智的解决方法，反而采信了荒唐的神话解释和措施。事例之一就是艾滋病病毒（见下页图）在非洲致命的传播速度。上百万人拒绝以科学为基础采取行动，并因此为他们的自大付出了代价。或许可以用社会学解释他们的行为，又或许作为文明人我们应该尊重他们的观点。但是，如果这些不相信科学的人恰巧是执政者，需要对上百万人的性命负责，那么就不应该把尊重放在第一位。

万加丽·玛塔伊曾是肯尼亚环境部副部长，因终生致力于组织反对森林砍伐活动、宣传推进非洲妇女权利等事业荣获诺贝尔和平奖。但她关于 HIV 和艾滋病的讲话非常可怕，这让人感到难过。万加丽·玛塔伊女士宣称艾滋病病毒是某些西方国家的科学家制造出来的，是针对黑人种族使用的生物武器，其目的是控制非洲。艾滋病在很长时间里是南非的第一大死亡原因，南非前总统姆贝基就艾滋

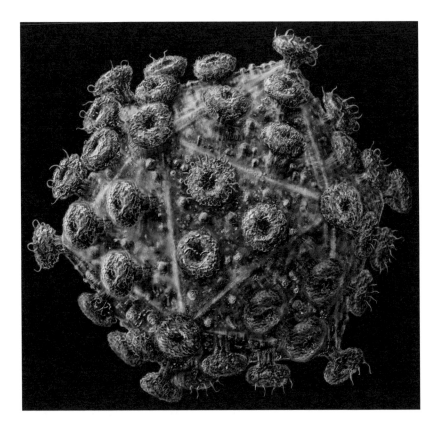

病病毒也持类似的荒谬观点，这使得针对艾滋病的有效措施基本上不可能实施。

此外，有些人提出：使用避孕套是艾滋病病毒迅速传播的罪魁祸首之一，因此应该禁止使用。他们声称艾滋病问题"无法通过避孕套得到解决；正好相反，避孕套的扩散加重了这个问题"，这种说法引起了卫生和政治组织的强烈反对。颇有影响力的医学期刊《柳叶刀》专栏发表评论，措辞强硬，称此言论"十分骇人并且极不正确"。

早些时候，世界卫生组织对类似的情况做出回应并发布声明：

我们正面临着一种波及全球的传染病，这种疾病已经使超过 2 000 万人丧生，至少 4 200 万人受到影响，因此这些关于避孕套和艾滋病的不当言辞是非常危险的。

世界卫生组织称：有时使用避孕套可能会出差错，但是病毒确实无法穿透它；持续正确使用避孕套把感染风险降低了 90%。

最后，还有一种令人发指的、原始的迷信被广泛传播：和处女发生性关系能够驱逐艾滋病病毒从而痊愈。可以预见的是，这种迷信已经导致并会继续导致很多年轻女孩遭到强奸并被感染。采用此种丧失理性的犯罪手段对付恐惧和绝望，给受害者造成了极大创伤，对艾滋病患者也是个悲剧，因为这种手段注定是失败的。

战胜恐惧

前一部分我讲的事例只是冰山一角。在很多方面，这些故事不过是本杰明·富兰克林的"异端避雷针"或是斯坦伯格的"第九大道视角"的另一个版本罢了，虽然这些事件打击面更大、毁灭性更甚。我们已经从中看出迷信可以在公众之间成为强有力的武器。迷信可能是出于绝望，但恐惧可以被权力集团利用，以巩固出现问题的权力机构。这些故事也让我们痛苦地认识到，迷信是多么顽固。其在公域里的持久性因无知而壮大，因为无知是恐惧之母。诺贝尔奖获得者、经济学家保罗·克鲁格曼在《纽约时报》专栏里讲了这样一段话：

> 伪研究很有效是有原因的。其中之一就是，非科学家们有时很难区分研究和倡导的不同——是不是有

数字和图表的东西就是科学了？另外还有新闻中"据他说、据她说"那种让人生疑的报道，这种报道有碍传达科学正确的形象，就因为读者想让故事更有料：可以想象，如果美国总统说地球是平的，新闻报道的头条就会是"关于地球形状意见不一"。

科学的公众形象被严重歪曲，也许正是促使更多有责任心的科学家进行科学普及的原因吧。就我个人来说，现存的对科学不断的歪曲，对既有的、完善的科学知识的否定，是我写这本书的主要动力。我愿意相信，这些科学家尽力向分布在各社会阶层的广大受众传播真正的科学和科学文化，而这正是我们所需要的。新想法更容易遭到强烈反对，因为先入为主的想法和偏见通常都极其顽固。现有秩序的维护者通常都是从中获利者。幸运的是，年轻人对于那些观点或是蔑视，或是以完全不同的生活方式来表示反对，这样的反对能让我们意识到，这些观点是多么缺乏理性。

仅仅在50年前，站在炉子旁的女人的图片被认为代表真正幸福的女性楷模。我还记得那时的一本书，书名是《如果我是男生该多好》，封面是位悲伤的年轻女孩，面前摆着一台打字机（第66页图）。写这么一本书意味着肯定有相当一部分女孩，她们对强加给自己的这种"榜样"不怎么乐意。幸运的是，与此同时，至少在世界的一些地方，情况发生了变化。我们发现男人们看到类似第67页

图中的海报会害怕，以为我们正迈入一个新纪元。女人掌管着财富 500 强企业，女性权利及其实施也属于文化领域，在此领域中，对真理的追求在长期的权力争斗中一直被压制。这个例子也证明，超越神话和迷信惠及人人，但是到目前为止，固有偏见仍然大行其道。

让我们用一个鼓舞人心的结语来结束本章吧。亚里士多德的学说被罗马天主教奉为圭臬，科学受其影响而止步

不前。1633 年伽利略·伽利雷坚持捍卫哥白尼的宇宙模型，
与宗教裁判所为敌，在那之前的几个世纪，一直都有挑战
当时宗教教义的重大反抗活动。

你可能听现代科学家提起过"奥卡姆剃刀"，意指 14
世纪哲学家威廉·奥卡姆（1285—1347），他宣布，如无
必要，勿增实体，也称为简单有效原理。这一原理确定了
一种科学极简主义：提倡使用最短编码来描述现象的重要
性。这一原理对科学的简洁和有效性提出要求：如果一个模

型使用超出严格必要范围的变量和参数，这一模型应予以废除。

另一个著名人物是皮埃尔·阿伯拉尔（1079—1142），他是中世纪文艺复兴运动的先驱。阿伯拉尔与比他小很多的爱洛依丝的爱情悲剧广为人知。他们的孩子阿斯特莱伯斯出生之后，相爱的父母被迫分开，阿伯拉尔被阉割，爱洛依丝和孩子归隐修道院。

就是这个阿伯拉尔，在其12世纪早期的著作《是与否》中，提出了研究和论辩的4条黄金准则：

——保持系统性的怀疑，怀疑一切。

——认识"经理性证明之表述"和"唯有劝诱之表述"二者之间的差异。

——使用字词要精确，期待他人也同样精确。

——警惕错误，就算是《圣经》也会出错。

阿伯拉尔列举了至少158个在当时存在争议的哲学和神学问题并成为备受推崇的老师，可以说他奠定了现代西方教育的基础。他敢于挑战教会教义不容争议这一经院哲学传统，也让他成为重要的改革者。

很长时间之后，但又远在布鲁诺和伽利略之前，来自意大利帕多瓦的彼得罗·蓬波纳齐（1462—1525）力图消除黑魔法和迷信，他在 1520 年发表的著作《论咒语》中写道：

> 用且仅用自然原因来解释所有经验是可能的，没有任何原因能迫使我们依靠恶魔的力量来感知事物，引入超自然媒介没有意义。放弃以自然原因作为证据，反而去寻找既不可能又不理性的事物，这种举动实在是可笑又无聊。

这些话就算在今天也有现实意义，我乐意把这些话钉在很多教室的门口，因为这些话表明：只要有敢于独立思考的人，祛魅的力量就会一直存在，尽管他们要为此付出昂贵的代价。

第二章

科学和技术的双螺旋

基本问题

很多人会把科学和技术联系起来，两者之间关系紧密且互为补充。科学的第一要素是怀疑精神，即出于纯粹好奇提出问题。这些问题可能切合实际，涉及所见所闻，但是我们也会就抽象观念提出问题。在下页列表中，列在左栏里的是一些很基本的问题：它们恒久存在，在几乎所有文化里，以各种形式被提出过，进而又产生了种种宗教、艺术及科学表现形式，它们构成了文化观的基本组成部分。

想要给出这些问题的正确答案很难。即使你知道近似答案，也很难决定究竟要从何处开始解释。你可能会惊奇地发现：这些问题都没有确切答案。科学发展已有几千年的历史，我们对于这些事物仍然没有绝对把握。迄今为止，我们所收获的只是一大堆可能的答案，这些答案展现了我们作为人类所拥有的伟大的独创性、创造力、审美感，甚至是谦卑。我们也已找到不同的方法来"处理"这些问题，尽管它们性质迥异。

事物的定义	神话	科学
物质	炼金术	化学、物理
时间与空间	占星术	天文学、数学
宇宙	创世纪	天体物理学、宇宙学
生与死	巫医	生物学、医学
大脑与灵魂、社会	宗教	心理学、社会学、人类学
	神秘主义的、玄妙的、精神的信仰	现实主义的、唯物主义的、逻辑的、批判的、经验的

　　这个列表有个特性你可能没注意到：内容自上而下越来越难，也越来越模糊。你也许会说，精神层面的成分增加了。但值得一提的是：整体来看，这些问题（及其答案）在精神层面的成分又随时间而减少了。

供给与需求

　　以上表格中列出的话题相当具有普遍性。尽管如此，与之相关的问题有史以来就困扰着人类。清楚的是，人们有强烈的获得这些问题的答案的需求。

　　尽管人类有自我意识，也有能力思考，但还是发现自己依然处在这种尴尬的境地，即人类无法理解自己所处的世界，更别提预测或操控世界了。稳定性和安全性是人类进化过程中两个非常重要的因素，从这两个因素来看，人类渴望控制物质环境的想法是再自然不过的。人类的境况总是被一个存在主义裂隙所刻画：人是某种其自身所不能理解的、大于其自身事物的一部分。在早期历史中，人完全受制于自然的肆意行为。那时，生活的基本现实也受到某种经济规律的制约：哪里有需求，哪里就会产生供给。或许出自对同胞的爱或者轻蔑，或许出自对纯洁灵魂的渴望，又或许只是为追求利益，只要我们存在，解决这些问题的极其诱人的"答案"就会层出不穷。这种存在主义裂隙，也正是作为生存之道的市场中的裂隙。市场上出现了各种形形色色诱人的答案（时至今日依然如此），大多以神话、（伪）科学、迷信和宗教的形式存在。人类历史长河中出现过的神奇魔咒、仪式、偏方等不一而足，给无知众生和底层人民以一线希望和安慰，让他们可以忍受残酷的生活。

在人类的神话阶段，每个问题都导致了我所说的"圣杯"现象，这一现象是指特别有诱惑力却又无法企及的选择。先从第一个问题开始，我们知道，认识物质这一问题产生了炼金术，即寻找"智慧之石"这一研究和知识分支，炼金术教人们把铅之类的劣等金属变成金子。可笑的是，这种研究居然还引发了早期的"淘金潮"。炼金术如此盛行，以至于在公元 296 年，罗马皇帝戴克里先颁布法令禁止一切炼金活动，烧掉所有炼金方面的书籍。原则上我们也能把其他物质变成金子，只是成本太高，不如直接买划算。

关于宇宙的问题是和占星术联系在一起的。人们对行星的轨道运动早已了解得相当详细，因此非常容易进行预测。由此产生的伟大的想法是，通过某种方式，把个人历史和可预测的行星运动及星位联系在一起，这样人们就可以推断及预测未来。如果预测为真，他们就可以不受命运摆布。我们知道很多人依然相信这些并予以实践，占星术依然有很大的市场。

关于时空的话题经常是和宇宙话题交织在一起的。有关创造的神话很多，性质各异。这些神话很多方面互相矛盾，可是这些并不重要，因为这些神话受限于具体时间和地点。但是，它们都有一个共同的主题，即存在某种超人类的造物主这一概念。在此意义上，"创造神话"也顺带解决了人生的意义及目的这一难题。我们为什么会在这里？

也就是说寻找直接、明了的答案诉求被转移给了一个更高等的存在，他就在某个地方，只是我们无法与其直接交流。我们进入了各种形式的宗教范围，也就是心灵和灵魂的领域，有个高级存在者（也可能是一群）在以某种方式控制着现实世界。这种存在的根本教义在圣书中得到了体现，圣书是真理的唯一源头，并且需要先知和教士的解释。这标志着各种神学和宗教流派的开端，他们试图弄明白这些完全是精神层面的、难以企及的事物。人们被赋予了一种感觉，以为生命有意义，有人高高在上照顾我们，也许在最终时刻审判我们。这给我们带来希望和慰藉，帮助我们应对红尘中的痛苦和奥秘，比如寄希望于美好的来世。

让人困惑不解的生死问题是巫医的专业范围。这个领域中的"圣杯"就是寻找"长生不老药"，这种东西能让人获得永生，这就是人对疾病和死亡恐惧的神话式应对方式。找到这些魔法石或者长生不老药的秘诀由教士、哲人等精神精英们保管，目的是不让恶棍们偷偷拿走，获得让人害怕的力量；或者避免把这些东西随随便便卖给他人，由此产生各种各样的灾难。

在西方，寻找"长生不老药"的努力至少持续到文艺复兴时期，我们真的非常佩服这些精神领袖的巨大创造力，同时也为理性与潜在信仰模糊的混合而忍俊不禁。不过这些做法暗示着一些非常实际的解决方法：找到"智慧之石"就可以保你衣食无忧。时至今日，人们仍然试图用同样神秘的做法，寻找实现这一目的的方式。很多对经济学没有研究的人更愿意相信一些商业专家，"长生不老药"也依然可以消除我们对死亡的恐惧。

形态各异的宗教不仅给我们的存在注入意义，也给人们提供了一套规则，告诉人们怎样完成布置给他们的任务。

总而言之，我们可以说神话是一种社会建构，目的是把人类生存状况中的未知情况和命运所起的作用彻底根除，而人类生存状况的特点是我们有非凡的生存、观察和思考能力以及认识的匮乏。神话时期的总体原则是：真理存在并且一成不变，（部分地）为某些专家所知，但是只能以一种神秘的、深奥的、含蓄的方式被分享。神话给某些人带来了精神慰藉，但同时又给另外一些人带来思想上的禁锢。

实证科学

我从事这份工作已经很久，我追求的不是我现在享受到的赞美，而是对知识的渴求，这种渴求在我身上比在大多数人身上体现得更多。另外，不论何时我发现任何值得注意的事物，我都觉得有责任把我的发现记录下来，这样所有心灵手巧的人都能从中获益。

——安东尼·范·列文虎克
1716 年 6 月 12 日

现在我们来看第 73 页列表的右列，可以说，这一列显示的是我们对所列话题的现代看法。显而易见，这一列是科学学科。想要科学地讨论物质，我们通常会请教物理学家或是化学家。想要理解时间和空间问题，我们会求助于数学家或物理学家（如天体物理学家），宇宙的故事有可能会在物理学和宇宙学领域里被提及。

精神层面的问题，个人也好，集体也罢，可以通过学习心理学、社会学及人类学来解决——尽管还有很多人会寻求另类的解决方法。

两栏的不同之处在于所采用的方法。科学看重的是批判性分析和逻辑推理，17 世纪"启蒙运动"以来，我们更倚重实验证明。从那时起，在为实现进步而进行的智力辩论中，观察最终裁决的关键性作用变得越来越明显。我们对真理的追求变成了化大问题为小问题的努力，然后通过和自然的直接对话——而不是在某个已开化之人的仪式介入下——与至高无上的神交流，来解决小问题。①

这个列表可能过多强调差异——这对我来说是件好

---

① 这一点很有意思，在希腊文化里，对实验的强调在柏拉图去世以后开始发展。亚里士多德、阿基米德、提奥夫拉斯图斯以及斯特拉图等自然哲学家在雅典的吕克昂学园，而不是在柏拉图的学园里，提倡这种调查研究。这种方法在亚里士多德的世界观被罗马天主教会奉为经典后中断，教会不允许就此进行任何进一步讨论，更别提鼓励了。

事——但是，它也清楚表明，现代科学扎根于神话领域、炼金术是化学的摇篮等问题。对像我这样坚定的专业科学家来说，这是种令人清醒的想法。然而，科学与神话的基本方法正好相反。神话的方式是自上而下式：不容置疑的真理从某个最高处传下来，要求人们奉其为先天的知识。反之，与此相对照的科学方法是自下而上式：人类从提出问题开始，利用渺小的观察和思考能力，反复阅读自然这本书，力求慢慢获取知识。科学家一直持续做出巨大努力，以逻辑自洽的理论框架来表现现实，最终得出关于世界的理论，这就是我们对世界的理解。这个见解不断增长的过程表明：真理是一种动态观念。

这是否意味着神话思维方式的终结？不一定。核物理学家、1922 年诺贝尔奖获得者尼尔斯·波尔曾经为自家门前挂着的一块马蹄铁辩护称："他们都说这个管用，就算你不相信。"

我就不再详细讨论科学过程是如何起作用的，以及在真理永不固定的情况下，是如何让我们对所处世界的认知取得了长足的进步。

知识机器

接下来我们稍稍离题，来看一看元科学。我想给你们看一幅科学是如何工作的图片，也就是所谓的科学方法。

我使用了"双螺旋结构"的定义，它取自我们对 DNA 结构的现代认识，因为科学和技术在产生知识的过程中是互为补充的。

在图中，你可以看到两个循环，一个在上，一个在下。中间是"问题、观察、知识、发明"的次序。上循环是知识循环，培根对此的表述是"好奇是知识的种子"。下循环是技术循环，可以表述为"知识是技术的种子"。上循环以好奇心为驱动，下循环则以可能的应用为驱动。在较早的语言里，这两者可以称作纯粹科学和应用科学。我们一步步来看这张图片。

从图片的最左边开始，第一个问题是我们的怀疑和好奇心。如果我们着手调查好奇这个话题，随之而来的观察就会带来知识。"测量就是知识"，这是海克·卡末林·昂内斯的方法，他于 1911 年惊奇地发现，液体氦在极低温度时具有神奇的超导性。上方的反向箭头也同样重要，它代表着这个过程中的反馈：新知识又不可避免地导致新问题的出现。事实上，与其说这是个封闭环，倒不如说它是个螺旋——这张图只是三维曲线的二维画法：这个环从平面上升到时间维度，形成螺旋结构。

这种循环的特性确实很明显：我们一旦发现地球不是平的，而是球体，一定会关注在地球另一边的人。他们存在吗？如果存在，为什么他们不会掉下去？会不会有什么力量把他们吸到地球上？上循环显然无法描述所有科学。这个单螺旋在某个时刻会停滞不前，因为可能无法通过观察来推动进一步发展。这就是我们要加上另一个与之相连的螺旋的原因。我会用 M.C. 埃舍尔的一幅神奇之作来解释它，这幅作品展示了叶子上的一滴露水。其中有三重现实世界：一层是叶片上的露珠；一层是露珠表面折射出的世界，也就是观察者所处的空间；最后一层是透过露珠看到的叶面的一部分，这部分因为水的放大作用，显示了叶脉的微小细节。太神奇了！好奇的大脑真正观察到了一些很特别的事物。

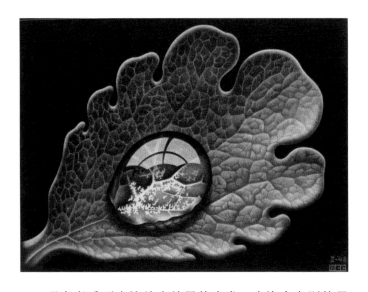

　　观察者受到水滴放大效果的启发，也许会有别的思路。在下页的图中，可以看出玻璃也能让光线发生各种偏转：透过玻璃花瓶去看桌布的方形格子，花纹发生了严重变形。想要成为伟大发明家所需的唯一一步就是，把这两个观察结果结合起来，形成一个新问题：我们能否制作出具有放大作用的玻璃片，这样就能看到清晰的、放大了的影像吗？如果你这么做了，就几乎可以被看作透镜的发明者了，这绝对是惊人的发现！想想看，透镜使得天文望远镜的发明成为可能。透镜还帮助我们制作了第一批放大镜和显微镜，开启了人们进入微小实体世界——微观世界的大门。还不止这些，有了透镜，我们可以制作眼镜，而眼镜使生活更加美好，生活质量得到极大改善。一旦透镜的相关性变得清晰，详细研究光的折射原理就有了直接意义。

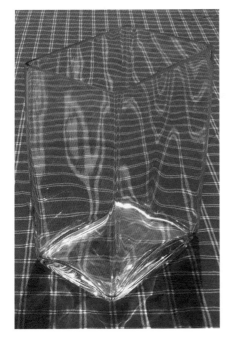

透镜就是科学和技术相互影响的超炫事例，它导致了社会验证。

这一过程其实就是第二个螺旋：观察带来知识，知识变为发明，发明又为新的、更好的观察创造了条件。希望你也可以理解为什么这二者循环交织在一起形成了双螺旋结构：发明出来的新仪器扩大了我们的观察范围。透镜让研究者看到了以往从未见过的世界，如木星的卫星和细菌。新观察解决了一些老问题，当然又带来了新问题。①

---

① 我的故事未能很好地还原历史事件的顺序。故事一笔带过了很多创新，而现实中，从放大镜到第一批天文望远镜和显微镜的诞生，经过了几个世纪。我认为，第一个留意到水滴的放大效果的人实际上进行了一次至关重要的观察，值得大书特书，但他究竟是谁呢？据记载，古罗马哲学家和历史学家塞涅卡遍读当时所有著作，用的就是装满水的玻璃碗。早在古代，人们已经知道液体的放大特性。第一批放大镜出现在中世纪早期，主要用于上层社会，因为只有他们识字并能够活到需要戴眼镜的年龄。早期显微镜和望远镜的发明归功于荷兰科学家汉斯·李波尔塞、眼镜商札恰里亚斯·简森以及雅克布·梅提斯。

伽利略对这些"荷兰发明"做出重大改进，从而有了他的天文发现，如木星的卫星。

最著名的早期显微镜学家可能是代尔夫特市布商安东尼·范·列文虎克，他制作的显微镜放大倍数达 480 倍！他完成了从精子到细菌等微生物的早期报告，被认为是微生物学的奠基人。

系统（且客观地）提升观察水平的这一过程，是自文艺复兴以来，科学取得巨大进步的重要方面之一。19 世纪末期，我们知道光只是电磁辐射的某种特殊形式，还有其他种类的电磁辐射也可能传递遥远物体的一些信息：如红外辐射和紫外辐射、无线电波和微波。一旦发明了这些信息携带者的侦测设备，会为宇宙构成和历史研究提供重要线索。

科学家们也知道，地球大气层给他们观察天空带来了限制，因为大气层吸收并散射辐射，因此现代天文学观察已经把望远镜搬到了太空。我们看过哈勃太空望远镜从遥远的外太空发回的不可思议的图片。如果你看一下太空研究机构的网站，会发现有超过 50 台的太空望远镜围绕地球轨道搜集数据。如今我们已经超出电磁辐射的范围，从遥远地方拦截到的物体发出的每种能量都可以为我们提供意想不到的信息。因此，我们制造了中微子望远镜以侦测来自外太空难以捕捉、没有质量、极难发觉的粒子，并称其为中微子；重力波探测器用来识别宇宙中的剧烈变化，如黑洞的形成和星系的碰撞。

我刚才关于观察宇宙的说明也可以应用于对微观世界的研究。我们从光学显微镜开始，经电子显微镜的领域，到扫描隧道显微镜。我们甚至制造了加速器，可以看到小至 10^{-20} 米级别发生的事情。由于日益精准的诊断仪器可以让医生全方位探测人体的结构和功能，医学领域也发生了翻天覆地的变化。某种程度上，现在的重症监护室就像先进的物理实验室。任何一个现代医院都拥有他们引以为傲的、多种多样的大型扫描设备，如超声波、CT(电子计算机断层扫描)、PET（正电子发射计算机断层显像）、X射线以及 MRI（核磁共振）。我列出这些例子只是为了说明我们取得了怎样的进步：科学和技术的双螺旋结构让近 500年发生了很多转变。

我用透镜及其衍生品的事例来解释技术循环下方的反向箭头（第 80 页图）。但是这个环也可以表示完全不同的"设备"。1953 年沃森、克里克和富兰克林发现 DNA 结构的事件，就像是打开了生物化学研究事业的大门，使得在分子层面上系统地研究生命成为可能。自然给我们提供了酶这种绝妙的工具，让我们可以剪切和粘贴生物分子。有了酶，研究者正在慢慢揭开我们随身携带的数以十亿计的分子所包含的信息。在这个事例里，包括基因工程、诊断学和法医学应用等技术成果同样引人注目。这些的确是我们掌握、利用自然的能力的转折点，他们让科学和技术的双螺旋飞快旋转。

另外一个技术反作用于观察的事例就是：计算机的发明和迅猛发展，让我们以前所未有的规模分析数据。计算机的诞生极大地扩展了所有科学的范围。我们从实验和理论结合的传统方式，进入计算机作为强劲第三方的情形，可谓完美的"三人行"。计算机科学家和统计学家开发出强大技术用于各种各样的数据挖掘，也就是利用机器学习技术或者神经网络查找大量数据中的规律。这些规律可能会揭示关系，从而找到简单的数据建模方式。计算机不仅可以让我们控制大量数据，也能让我们通过大规模模拟研究，来考察标准数学解决不了的理论模型。不仅是常规科学，甚至如经济学、心理学和社会学等复杂科学也能从这些发展中受益巨大。前所未有的大规模定量研究正在把许多社会科学变成数据驱动的"硬科学"。

双螺旋的另一个方面，也是我个人偏爱的一方面。[①]很明显，双螺旋是个生产知识和技术的机器，它的生产方式是自下而上的。一旦这台机器开始运转，它究竟是怎样发动的就无关紧要了：左边的循环驱动右边的循环，反之亦然，这是个很难停下来的高自动化机器。没人点名要研究恒星、DNA，或者原子；只是因为我们对知识永不满足的追求通过漫长曲折的双螺旋之路，不可逆转地改变了我们的生活和宇宙观。也许可以说，这张机器图中最左边显示的是非常理论性的，甚至是哲学性的研究结果；最右边可能就是产品改良者的角落。但是，如果没有源于现实的新见识的给养，哲学就会干涸；如果不想让产品改良走进

---

① 不足为奇，因为国家和国际管理机构都把科学和技术的发展提上了日程，有很多这方面的书，描写增长和发展的类似模型。有些书非常详细，有的书只是单一想法的重新描述。据我所知，1952 年，菲利普物理实验室负责人亨德里克·卡西米尔首次描述了"科学和技术的双螺旋"。拓展版本一般包括科学技术游戏中的其他选手，例如私企和政府。他们的投入和产出形成了三螺旋以及其他结构，让人想起常见于分子生物学的眼花缭乱的复杂性。

死胡同，就需要根本性的新输入。想要继续在这个世界中发挥积极作用，新想法不可或缺。未来掌握在最有创新精神的企业家手中：如果别人已经开始生产口袋大小的半导体设备，能多做 1 000 件事，快 1 000 倍，又不产生任何噪声，那么改善电子计算器就不划算。为了站在发展的前列，你需要加入双螺旋结构。

科学做不到的事

> 总之，我不愿在这里表达任何我所期待的、将来科学所取得的进步，也不愿意向公众做出我不确定可以兑现的任何承诺；但是我唯一可以说的是，我决心将我的有生之年，贡献给唯一的事业，即致力于获取自然之知识。
>
> ——笛卡尔

到目前为止，我一直都在强调科学能完成的丰功伟绩。双螺旋的本质表明各种发现以一种既定顺序层出不穷。在你发现原子之前很难发现夸克；同样，不先搞清楚星星是什么，也很难理解星系；不清楚半导体的量子力学，也很难制造计算机。

因此，即使社会很需要某样东西，科学经常不能如其所愿，因为科学不像鞋店或是汽车厂。如果某家机构宣布 5 年内消除癌症，或者我们需要核聚变立刻生效，这样的项目注定失败。想要越过自然的精心设计，直接得出正确结果，是极其困难的。许多科学分支确实有各自领域的"圣杯"：人工智能、物理理论、疾病的完全控制等。但是，只有经过漫长的时间才能清楚看到：我们为实现这些伟大的目标所取得的进步。科学是个历史进程，与我们人类共同进化，当权者或权力机构可能会推动或者延误某些进展，也许会产生可见结果，也许不会。但是这些干预更像是对自然被一层层剥去外壳这个历史进程的扰动。想要从整体角度理解科学之路，以 50 年甚至 100 年的时间为依据来看问题会有所得，但是很明显，这个时间超出了政府机构的预期时间。

现在你明白我为什么选了一幅螺旋楼梯的图片作为本章开篇了吧。是的，它就是延伸的 DNA 分子，如果真有尽头，或许它有 30 亿个台阶。如果换种方式看，你也许会感到惊讶，因为你会发现，它就是一只人类的眼睛，正耐心地观察着你。

科学是人类所独有的事业。想要成功，除了好奇、诚实和才能以外，还需要整个社会以及科学家的强大动力和毅力。我想引用分子生物学奠基人马克斯·佩鲁茨的话来结束本章，这位从奥地利来到剑桥的年轻博士后，1965 年因发现血红蛋白结构而获得诺贝尔奖，他对分子生物学初期阶段的描述令人钦佩，他的这段话尤其见证了作为伟大科学家所需要的坚韧不拔之毅力：

> 发现（血红蛋白的）结构是一件非常美妙的事情。你一定要想想蛋白质像黑匣子一样的时期，那时谁都不知道它们的样子。然后我开始研究它，就此重要问题一做就是22年，力图找出这种分子的样子以及它是怎样起作用的。直到一天晚上，我们突然在计算机上看到了结果，就像是经过努力攀爬、艰难登顶时爱上了眼前的无限风光。看到这种分子，我意识到自己的努力没有白费，感觉真是太美妙了：因为长久以来，我一直担心自己把生命浪费在了永远无解的问题上。
>
> ——马克斯·佩鲁茨

世界的形成

那太古的物质的集结以什么方式

形成天地和深不可测的海岸，

形成太阳和月亮的运行轨道，

我将逐一来说明。因为，实在说

事物的始基既不是按计谋而建立自己，

不是由于什么心灵的聪明作为

而各各落在它自己适当的地位上；

它们也不是订立契约规定各应如何运动；

而是因为许多的事物的始基，

每种各式，自无限的远古以来

就被撞击所骚扰，并且由于自己的重量

而运动着，经常不断地被带动飘荡，

以一切的方式互相遇集在一起，

并且尝试过由于它们的互相结合

而能够创造出来每一样东西；

正就是由于这样，所以，既然它们

在亿万年的长时间里面远远地

广泛地分布开着，同时尝试着

各种各样的结合和各种各样的运动，

终于其中某些始基彼此相遇了，

这些始基当突然被抛掷在一起的时候，

常常形成了巨大事物的开端，

天地海洋和生物的种族的开端。[①]

---

① 译文选自商务印书馆《物性论》，卢克莱修著，方书春译，1981年6月，313—315。——编者注

第三章

转 折 点

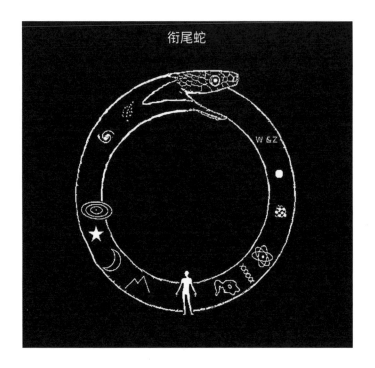

衔尾蛇结构

　　上图画的是一种神话中的怪物，叫作乌洛波洛斯。1975 年，这个形象出现在一篇文章的预印本上，这篇文章由美国物理学家、诺贝尔奖获得者谢尔登·格拉肖所著。他以一种很有想象力的方式，把这条吞尾蛇的图像和我们所知的自然现象的脉络联系在一起。衔尾蛇源于古希腊的一种符号，诺斯替派（灵智派）和炼金术士用这个符号来表示自然的统一性。基本上想要传达的信息是：在微观世界中可以看见宏观世界的影子。普罗提诺的《九章集》（第五卷，第八论）这样描述："它们中每一个都蕴含一切，同时其他每一个都能看见一切，因此处处皆是一切，一切是一切，个体也是一切，无限即是荣光。"

衔尾蛇对于本章中讨论的内容是个理想的标志：自然科学本质上的统一性和联系性。这个符号提醒我们自然科学的神话根源。历史上也能找到很多神话的回音，比如威廉·布莱克这首如珠宝般的小诗：

> 一沙一世界，
> 一花一天堂；
> 无限掌中置，
> 刹那成永恒。①

在当代语境下，你可能会想起神奇的 DNA 分子，它们携带着复制整个有机体所需的遗传信息。它所携带的信息内容相当于一个大型书柜，这些信息存于你体内的每一个细胞。你的身体就像是装了大约 100 亿—1 000 亿个完全相同的书柜，这可算不上高效。但是如果你想到，这么多的信息居然可以装进这么小的体积，那你的结论就会是：效率低下的同时往往会伴随着另一种极致的高效。在这一方面，

---

① 本书译者选用了徐志摩的译文。——编者注

我们能向自然学习的地方依然很多。

接下来我将会用衔尾蛇这一范式来强调自然科学的不同方面，指出思考科学多样性和统一性的方法和途径。这个形象包含种种不同学科内发现的基本现象，也描述了伴随这些发现出现的科学理论。纵览全局，我们才能看清科学思考中真正重要的转折点，以及这些转折点如何相互联系。

科学事业

下页图总结了科学事业的循环过程，视角稍有不同，本章将从不同角度对此进行探讨。

实证对科学验证来讲至关重要。除了观察所需的科学工具，科学研究还需要大量应用数学、统计学、信息学等工具，再加上来自理论的先天知识，就构成了信息输入。同时，知识和技术构成输出。这些像工具箱一样的基本方法是整张图片的基础。我们能探究圆圈上的每个图标，就是因为我们学会了在程序框架里寻求无尽的知识。

现在来看看圆圈上的图标吧。圆圈正下方是人类自己。从左往上看，图标所表示的内容与我们的距离越来越远，覆盖整个宏观世界；从右往上看是微观世界。宽泛地说，从人类的图标出发向左看或是向右看，你将看到科学发现的历史道路。这个慢慢从两边向上攀爬的过程，人类用了几百年，甚至几千年。

这张图提出了一个有趣的问题。为什么衔尾蛇要画成圆圈，而不是一条左边范围越来越大、右边距离越来越小的直线？这是有深层原因的，谜底会适时揭晓。

让我们先揭开这个圆圈的下一层面纱吧，按顺序讨论这个自然科学圆圈上的各个图标。它们代表着构成宇宙的各种结构——宏观世界在左，微观世界在右。

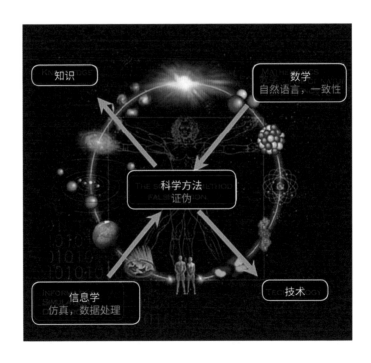

结构

外向扩展：宏观世界

如果将范围扩大，我们会看到什么？研究者们在向外探索的路上会遇见什么？很久很久以前，人们探索得很慢，一点点地观察着他们身边的环境，或步行或骑马。他们可能是受好奇心驱使，但更有可能的是：他们是到处寻找食物以及肥沃土地的游牧民族。

古时候，人们认为地球不是平的，而是个球体，人们猜想地球应该在宇宙的正中心一动不动。这是个以地球为中心的宇宙，克罗狄斯·托勒密在其天文学专著《天文学大成》中提出了这一观点。1543 年，尼古拉·哥白尼的伟大著作《天体运行论》的出现引起了很大轰动。他在书中指出，地球不位于宇宙的中心，而是和其他行星一样沿轨道绕着太阳转。① 这意味着人类的中心位置被取代。宇宙日心说遭到很多人的反对。伽利略·伽利雷 1632 年出版的《关于托勒密和哥白尼两大世界体系对话》中，坚决捍卫哥

_____

① 有意思的是，早在古希腊时代，赫拉克利德斯·彭提乌斯（约公元前 350）就已提出，地球绕地轴转动一周是 24 小时，行星绕着太阳转。他还提出太阳是宇宙的中心。一个世纪以后，萨摩岛的亚里斯塔克（或译阿里斯塔克斯）也提出了同样的看法。可能是因为亚里士多德和托勒密不可撼动的地位，这一观点没能得到应有的注意。

白尼的日心说。他向罗马宗教法庭据理力争，但最终还是放弃了他的看法。但是在他著作的空白处，他草草写道：

> 小心了，神学家们，你们把太阳地球的中心位置假说变成了信仰问题，你们这么做，总有一天，将会担负别种审判风险。
>
> 我认为，终有一天，那些说地球不动、太阳改变位置的人，他们会被审判、被定罪为异端——那就是客观上、逻辑上都能证明地球转动而太阳静止不动的那一天。

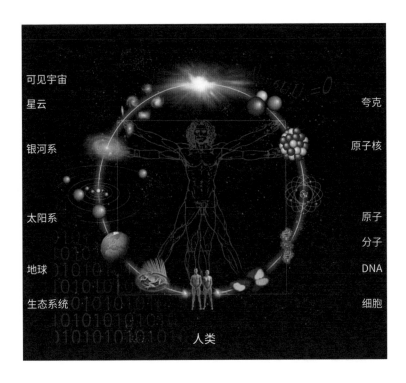

99

这步一旦迈出，太阳及绕其转动的行星就可以作为太阳系被研究了。又过了300多年，人们意识到太阳是颗恒星，与他们在夜空中看到的无数其他星星一样。这一发现让人们对太阳是否是宇宙唯一的恒星产生了怀疑。

20世纪的科学家已经了解"星系"的存在，极大规模的恒星及其残余物构成星系的巨大集合结构，每个星系包括多达1 000亿颗恒星，例如我们所处的银河系。后来，研究规模又扩大了一些，科学家们发现星系构成星系团，星系团继而构成超星系团。这些超星系团像是住在巨大的"暗条"和"墙"上，后者构成了大得难以置信的虚空的界限。

接下来，我们遇到了可观测宇宙的边缘问题。真实的宇宙也许比我们所观察到的宇宙要大得多，但是从那些遥远的星球发出来的光根本无法到达地球！从对宇宙可见部分的观察可以得出结论：作为一个整体，宇宙一定是非常同质的，从超大范围来看，在任何地方宇宙应该都一样。近来有人猜测，宇宙同质说其实并不准确，我们处于多元宇宙中，宇宙有着很多的"兄弟姐妹"。它们从物理上就完全不同，内容不同，法则不同，历史不同。

内向扩展：微观世界

在圆圈的另外一半，是物质的等级结构，即宇宙中我们所知的全部物质。衔尾蛇的右半边有两个主要部分：生

物有机体的结构和物质的基本结构。这两部分在如 DNA 和
蛋白质等大生物分子结构中会合。在这个圆圈的底部靠右，
是一切生命的基本结构，即细胞。细胞的本质是被一层薄
膜包裹起来的一定体积的液体，它包含了遗传物质和细胞
自身所需的功能化学物质。原核细胞像细菌一样，只有一
种细胞器，没有细胞核。构成稍大生命形式的真核细胞有
一个细胞核，一层膜将之与细胞其他部分分隔开来。细胞
核中有许多其他次细胞结构（细胞器），如为细胞内化学过
程提供能量的线粒体，通过信使核糖核酸（RNA）分子读
取脱氧核糖核酸(DNA)的指令来帮助制造蛋白质的核糖体
等。细胞核内还能找到携带遗传信息的 DNA 分子，即基
因。细胞及其相关内容的研究，包括活跃在细胞内部复杂
的蛋白质网络，属于生物化学、分子生物学和细胞生物学，
这三门学科构成了系统生物学。

　　沿着圆圈右边往上，关于物质是由什么构成的这个问
题，我们在古希腊人认为的水、土、气、火四大元素①之

---

　　① 亚里士多德（公元前 384—前 322）提出的"四元素说"延续了
很长时间。有意思的是，他的直接继承人泰奥弗拉斯托斯（公元前 373—
前 287）严厉批判了这一体系，尤其是他认为火不能作为一种元素，他巧
妙的论证建立在火不具备独立存在性和持久性这一简单观察之上。火一
定要和其他物质结合，因此不可能是基本元素。
　　亚里士多德占主导地位的观点也让另外一个基本观点黯然失色，这
一观点是由阿布德拉的德谟克利特 (公元前 460—前 370) 提出的。德谟
克利特认为，一切事物均由不可再分的基本单元构成，我们称之为原子。
在人类思维的早期阶段，提出原子这一假说非常让人震撼。后来又过了
2 000 多年，这一天才的想法才又重新出现。

后，已经取得了很大的进步。炼金术在大约 1650 年缓慢发展成了现代化学。因为无法直接观察，所以人们很难理解物质的结构，研究者只能构思一些巧妙的实验以取得进步。比如，法国化学家安托万·拉瓦锡（1743—1794）在他的《简单物质》一书中提到热质是物质的基本元素之一，而事实上我们知道，热量与运动中原子的动能有关，光也出现在他的基本元素中。有意思的是，他把光作为一种物质的想法与我们现在的观点不谋而合。

在化学认知发展史上，约翰·道尔顿的著作起到了重要作用。道尔顿在 1803 年再度提出"原子"一词，并引入了原子质量的概念。道尔顿知道原子可以组成分子，气体是不同分子的混合物，比如空气。俄国科学家德米特里·伊万诺维奇·门捷列夫（1834—1907）提出了元素周期表，这是一项伟大的突破。根据原子量的递增，他把具有相似化学特性的元素编排在一栏。他本可能填满整个图表，但是他留下了几个空白并做出了坚定预言——给出空白处元素相近的质量，并描述它们的化学特性。

元素能如此完美地排列在这个极有规律的表格中，说明一定会有某种尚未发现的规则或结构存在，只有这样才能解释元素周期表的系统性顺序。原子这一概念终于得以应用，它成了解释气体及液体特性、理解整体化学不可或缺的部分。

1911 年，欧内斯特·卢瑟福发现原子其实是种合成物。原子由一个带正电荷的原子核，以及周围环绕原子核做轨道运动、带负电荷的电子组成。尼尔斯·波尔第一个解释了原子因何存在并保持稳定状态，他的原子模型是量子力学领域最早的伟大发现之一。

原子结构的秘密被揭开后不久，实验显示原子核本身也是合成物。所有元素的原子核都是由带正电荷的质子以及中子组成，中子本身不带电荷。这也是一项巨大的成就。为什么这么说呢？因为物质的基本构成从门捷列夫元素周期表中所列的大约 100 种，一下减少到 3 种：质子、中子和电子。

为了研究质子和中子的特性以及在两者之间起作用的力量，人们建造了加速器来提高这些粒子的速度，再对它们进行轰击分离。我们完全有理由怀疑质子和中子也是合成物，能被进一步分解。但奇怪的事情发生了：用巨大能量把质子轰击开后，没有更小的、可以被称为基本组成成分的粒子出现；相反，很多新品种的核粒子出现了。看起来物质已经不能分离成更小的部分了。爱因斯坦著名的公式 $E=mc^2$ 表示的是质量和能量的等价关系，该公式也许能解释原因：加速器物理学的原理为，如果我们给两个粒子巨大的动能，然后让它们碰撞，会释放出大量的能量，能量随之转化成撞击中制造出的大量其他粒子的质量。因此能量越强，我们就能得到质量越重的粒子种类。

我们发现了许多新的、不稳定的、类似于质子和中子的核粒子。其中一种很重要的新粒子叫介子，相对较轻，介子被认为产生了把核粒子聚在一起的力量。我们也发现了电子的"大哥"（大约是电子的 200 倍重），叫作 μ（音缪）介子。神秘的中微子也同时被发现，这种粒子好像既没有质量也不带电荷，但是仍然可以携带能量和动量。每秒钟有几十亿幽灵粒子在人体内飞过，与其他物质的互动非常微弱，在它们被吸收之前，已经横穿了 1 000 千米。还有许多新粒子，有着亲切又好听的希腊名字，如 rho（ρ）、eta（H）、phi（φ）、sigma（Σ）、delta（Δ）①……

由此看来，爱因斯坦的公式在某种意义上阻止了我们更进一步看清物质内部：碰撞中能量越大，产生的粒子就越多，但是质子无法分成更小的部分。我们有这样一个基本粒子"动物园"，这些粒子好像无法产生任何作用。这些新成员不是普通物质的一部分，因为它们会立刻退化成已知粒子。据说在 μ 介子被发现时，著名核物理学家伊西多·艾萨克·拉比惊呼道："谁点了这个？"仿佛有人端上来一个生鲱鱼和花生酱比萨一样不可思议。得有个人出来把这个一团糟的次原子"动物园"整理一番了。

大约在 1963 年，默里·盖尔曼和乔治·茨威格各自独立提出，所有核粒子都可以被理解为由非常简单的一组粒

---

① 分别是希腊字母的第 17、7、21、18、4 个字母。——译者注

子组成，即夸克。夸克只有 3 种，即上夸克、下夸克和奇夸克。很久以后，人们又发现了粲夸克、底夸克及顶夸克。质子由两个上夸克和一个下夸克构成，中子由两个下夸克和一个上夸克构成，但从没有人观察到这些难以捕捉的夸克以自由粒子的形式出现。"是或不是？"这是个难题。如果它们确实在自由旋转，则很容易被检测到，因为上夸克和下夸克带有非整数的 2/3 和 –1/3 的电子电荷。夸克确实存在的最初依据来自复杂实验，实验中电子和质子发生碰撞，显示了质子电荷其实并不在一个点上，而是在更小的实体上，这就印证了盖尔曼、茨威格提出的"夸克假说"。

新的谜团变成了为什么这些夸克从未被从质子中分离出来。这个谜团被称为"夸克禁闭现象"，现在依然未被解开，还登上了克雷数学研究所"千禧年百万美元数学难题"的榜单。即便如此，目前已经有一种由计算机模拟成功验证的理论，但我们还是想从第一性原理来理解夸克禁闭机制。

这就是科学发展的现状。新加速器通常意味着开拓新领域。日内瓦 CERN（欧洲粒子物理研究所）实验室的大型粒子对撞机到底会发现什么？物理学界对此观察尤感兴趣。我们又一次在未知领域进行探索，也许我们能找到一些有用的线索，新的谜团将会被解开。

尺度

如下图所示，圆圈的下方可以看到一男一女两个人，他们的身高在1—2米之间。我们或许可以说"米"是我们的"数量级"，因为"米"这个单位是人类的发明。但是人是一切事物的尺度吗？答案当然是"不"，人类必须冒险走进四周的环境。圆圈的左边是外部宏观世界，这里的尺度越来越大；圆圈的右边是内部微观世界，这里的尺度越来越小。科学家是如何测量尺寸差别如此巨大的物体的呢？这是个靠伟大创造力缓慢前行的故事。

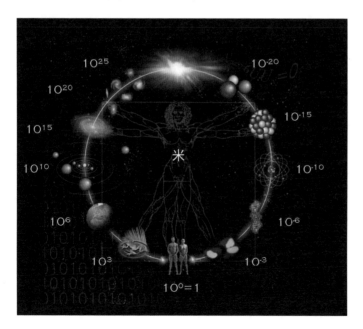

　　我们可以用平面几何知识来测量所在太阳系和邻近银河系中的距离。如果知道三角形底边的长度，知道另外两条边和底边组成的角的大小，就可以计算出该三角形的高。如果测量准确，三角形的高可以比你最先测量的底边大得多。底边也可以很大：它的一端可以是盛夏时地球所处的位置，另一端是严冬时地球所处的位置，因此该三角形的底边就等于地球绕太阳公转轨道的直径。

　　测量超大距离的另外一种手段是：使用一种特殊类型变星，即使用造父变星发光的表观强度来测量。这种星容易识别，均匀地发出同等量的光，就好比标准的 60 瓦灯泡。从日常经验可知，我们观察到的灯的亮度随距离增大而降低，因为在一个距离为 R 的地方，灯光必须要发散在以灯泡为圆心、半径为 R 的球面上，并且球的表面积与 R 的平方成比例增加。这意味着如果你知道最初的光强，就可以通过测量你所在地点的光强，算出你到光源的距离。把这一方法应用到遥远的造父变星，我们就可以把测量距离扩展到遥远的星系了。

　　宇宙中最大的距离是通过测量"红移"获得的。随着宇宙膨胀，遥远物体会更加远离我们，在它们发出的光的色谱中，我们能观察到一个朝红色移动的谱线。哈勃法则给出了"红移"和距离之间的简单关系，因此利用哈勃法则就能确定距离。

　　绕着圆圈的数字很快变得巨大无比，尽管所使用的概念掩盖了这一点。10^2 等于 100，10^9 就是 10 亿，10^{25} 就是 1 后面跟了 25 个 0！我不想耸人听闻，但宇宙真的很大。然而这里的"大"是个相对概念：例如 10^{25} 也只是一个大生日气球所包含的空气分子的大概数目，而 10^{25} 粒盐足够把地球表面盖上 2 厘米厚了。

我们在衔尾蛇之圆的右手边遇到的数字非常非常小。规模再下降，我们就要和 10 的负幂打交道了。10^{-1} 是 1/10（米），10^{-2} 是 1/100（米）或者说 0.01，以此类推。随着圆圈的右边向上，我们走进了结构越来越小的微观世界。

探索微观世界通常会用到显微镜，而显微镜的分辨率会受到"光"的制约。可见光的波长约为 700 纳米（1 纳米 =10^{-9} 米），这给普通光学显微镜设置了一个根本限制。但是根据量子理论，空间中存在物质波，粒子波的波长与其质量乘以速率成反比关系。[①] 电子显微镜根据此原理，能够达到 0.1 纳米或是 10^{-10} 米的基准：也就是原子的大小。如果尺度想要再小，必须给粒子更大的速度，这也正是我们建造粒子加速器的原因。能量越强，速度越大，我们就能得到更小的距离。用这种方式，科学家所能穷尽的最小尺度是 10^{-20} 米，也就是千亿分之一再除以 10 亿！在欧洲粒子物理研究所日内瓦的实验室、芝加哥附近的费米实验室里，物理学家就是在这样的尺度基准上研究最基本的物

---

① $\lambda = h/mv$，物质波公式。——编者注

质形式和它们之间的相互作用。

我们的尺度之旅涵盖上下 50 个数量级，尺度两极的最大和最小尺寸着实令人惊叹。但最引人注目的是：按照人类的尺度，也就是在 1 米这个级别范围内，我们自己基本是位于中间的。几百年来，我们成功地平衡了对更大和更小尺度的探索，这些进展都并非偶然。

四种基本力

在探索全部自然尺度的过程中，我们已经讨论过自然自我组织的基本结构。而能够让所有尺度上的所有结构结合在一起的，是四种基本力。只有四种吗？据我所知，是的，只有四种。这四种基本力导致了自然界中一切事物的相互作用。

这种力的概念可以追溯到很久以前。起初，力总是在运动的语境中被提出的。亚里士多德的解释很有意思，他说力是物体移动的必要条件，如果没有了这种力，物体就会停止运动。这听起来与我们的日常经验相吻合，例如，我们让一本书在桌上移动就是这个道理。但是，可能你已经知道桌子也会给书施加一种力，就是和运动方向相反的摩擦力，这种力让书停止移动。通过灵活的思考才能明白，这种情形和亚里士多德的观点有本质不同。这种观点由伽利略提出，后来牛顿又提出了非常精确和概括的形式，他认为，在空旷的太空中，没有被施加任何阻力的物体会无限运动下去。

如果被施加恒定的力，比如当我们抛下某样东西时的重力，那么物体就会以恒定的加速度移动。伽利略做出了这一关键性的观察和证明，即重力加速度与物体的材料和质量没有关系。这是牛顿著名力学定律 $F=ma$ 这一关键信息的特殊形式；如果力 F 被施加给质量 m，m 会以加速度 a 做加速运动。这一定律的特例是当地球表面的重力参与进来的时候，重力加速度是 $a=g=9.8\mathrm{m/s}^2$。牛顿力学定律的另外一种特殊情形发生在完全没有力的作用时，当 $F=0$，很显然，加速度也会消失：$a=0$。没错，没有加速度意味着速度恒定！（不一定指速度为 0，而是说速度不变）

"我们只知道四种基本力"这种说法也许听上去有些奇怪：难道力不该是无处不在吗？你听科学家们讲过浮力、摩擦力、肌肉力、化学力、分子力，离心力……更别说市场力量、来自同龄人的压力和《星球大战》中貌似无处不在的原力。答案很简单：科学中，我们所了解的所有力都是这四种基本力直接或间接的表现形式。

上一节讲过物质是以怎样一种相当等级化的方式结合在一起的。那么，是什么力把我们已发现的整个等级结构合在一起的？自古以来，已知的力有两种：引力和电磁力。引力不仅把人限制在地球表面，还把太阳系、银

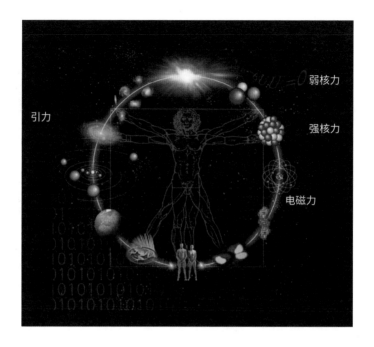

河系以及星系团捆绑在一起。事实上，这种力指挥着整
个宇宙所有大规模结构和运动——圆圈的左半边。

　　现在你也许想得出如下结论：引力一定是极其强大的
力。但其实并不是！引力是迄今为止我们所知的最弱的力。
那我们是如何知道的呢？让我们来做个实验：把一颗图钉
放在桌上，拿个价值一美元的磁铁放在图钉上方，逐渐靠
近并吸住图钉，然后拿起来，实验结束。刚刚展示的是：
地球中所有物质对图钉所施加的向下拉的力，都比不上一
块磁铁对图钉的吸力。在更为精细的思想实验中，可以比
较引力和 2 个电子间的电磁力。电子所带电荷为 e，质量为

m_e，由于二者之间的引力作用，它们以 Gm_e^2/r^2 的力量彼此吸引，同时因为二者又带有同样的电荷，同种电荷相斥，它们又以 fe^2/r^2 的力量推开彼此。在任意距离中，两种力之间的比率可以根据公式 Gm_e^2/fe^2 来计算，计算结果为 10^{-39}。这个数字表明，和电磁力相比，引力作用是多么微不足道，因为这个数字小到不能再小了。换句话说，如果一个人在固定的距离拿着 2 个电子，然后放手，电子会立即飞散。引力可没办法让它们在一起。

那么，如此微弱的作用力是如何控制宇宙的呢？原因有许多。第一，据我们所知，引力的作用不受距离限制；第二，宇宙中存在着超大质量的物体，弥补了引力的不足，因为引力与那些物体的超大质量成正比；第三，在我们已知的力中，除了引力，没有其他力可以在这样的距离对中性物体施加作用力。这也是我把引力放在圆圈左边的原因。

微观世界里的事物是如此不同！我们知道，原子中的电子带一个负电荷，质子带电量相等但电性相反的电荷。[①]相反电荷相吸，因此是这种电磁力让原子结合在一起。又因为引力十分微弱，原子所受的引力完全可以忽略不计。

和引力一样，电磁力没有限制范围。因此，电磁力也

---

① 正电荷和负电荷的选择是任意的，这种选择有其历史根源。正电荷和负电荷的正负没有传统的正数、负数的含义。

可以在更宏观的范围被观察到。摩擦琥珀和羊毛，然后把琥珀放在头部上方，你就能看见电荷，因为你的头发肯定会竖立起来。磁力就是因为矿石之间相互吸引而被发现的。即便如此，与引力相比，我们较少注意到这种力的作用。这是因为我们周围宏观世界的所有物质都是中性的：没有净电荷。如果有，我们马上就会注意到。①

　　我们现在已经沿着圆圈的右边走进了原子的原子核。在原子核内，我们发现了一群挨得很近的质子。这怎么可能呢？同性电荷相斥，它们很近的时候，应该彼此强烈相斥（因为相斥的力和距离成反比关系）。因此，如果只有电磁力的话，这些质子应该飞出去才对。可是它们紧紧地聚集在原子核内，尽管其间也有一些中子。因此结论是：一定有另外一种大过电磁力的吸引力存在。果不其然，这第三种力叫作强核力。这种力仅在原子内部起作用，强核力是短程力。这也就是为什么一直到 20 世纪的上半叶，我们才知道这种力的存在。科学家只有在发现原子核之后才能了解这种基本力。

　　因此现在我们有了：引力——太阳系；电磁力——原子；强核力——原子核。第四种基本力是什么呢？这种力叫作弱核力，它的作用是亨利·贝克勒尔及皮埃尔·居里

---

　　① 因此我们可以得出结论，质子所带正电荷与中子（译者注：应为电子）所带负电荷应该恰恰相反，两种电荷的些微不平衡都会打乱自然中的层级结构。

和玛丽·居里夫妇在 19 世纪末期发现的，他们观察到放射性衰变——某些不稳定元素的原子核自发地转变为另一种原子核的过程。在 β 衰变中，中子在弱核力的影响下转变成质子，同时放射出电子和叫作反中微子的粒子。显然，这种力在（次）原子核层面起作用。和强核力及电磁力相较而言（这二者和弱核力都在同一层面起作用），这是种弱力，但依然比引力要强得多。

再说回其他几种基本力，强核力主要是让夸克待在原子核内，但是夸克并不能完全互相抵消。使质子和中子保持在原子核内的力量正是不同质子和中子内的夸克之间强核力的残留作用。原子和分子的情形与之类似。原子内的电荷被中和，因此整体电荷为 0；但是，因为正电荷和负电荷在空间中被隔开，因此原子之间仍然会有残留的电偶极矩，在它的作用下，原子可能会结合成分子。分子内的电子绕几个原子核做轨道运动，因此也有可能发生化学结合。同样基于残留电动力，分子又依次组成更大的结构或点阵。当这些结构出现在表观世界中，引力就开始占主导。但是，当你拉动一根绳子时，是原子间的电子使绳子保持性状，从而使绳子能够传递你施加的力。因此，归根结底，物质间的所有力都能用我们讨论过的这四种基本力的组合来解释，对力的现代描述是基于粒子交换从而传递力这一概念。例如，电磁力由光子传递，如果光子在两个电子间交换，则会导致两个电子的互相排斥。

科学之圆

揭开衔尾蛇之圆的下一层面纱，我们看到的是万花筒般分门别类的科学。每一个级别都组成了一种特有的结构实体，与之相对应的就是该领域的科学。这与中世纪的城镇有些相似，当时城镇一般会出现在河流的交会处和道路的交口处。每个科学领域自主发展，有自己的工具、单位、术语和未解之谜。所有这些领域都还在继续发展：为完成各自的任务，它们还有很长的路要走。

这里能给出的也只是非常粗糙的情形，所以，如果大家没看到自己最爱的科学——不论是激光科学、生物化学、气象学、语言学、神经心理学，或者是找寻外星人……请把它们也归为一个标题。也可以在这个圆圈上覆盖一个划分更细致的学科之网，加上所有的现代跨学科领域，如天体生物学、精神化学（精神病药物治疗）等，但这样的话，圆圈就太拥挤了。

我们来看一看圆圈上列出的科学学科。右上方是级别最小的基本粒子物理学，或称高能物理学。其研究内容是最小、最基本的物质形式，以及制约物质形式之间相互影响的法则。从这里往圆圈下方走，是级别稍高的核物理学。这是一种关于原子核能的物理学，专门研究核物质特性。其

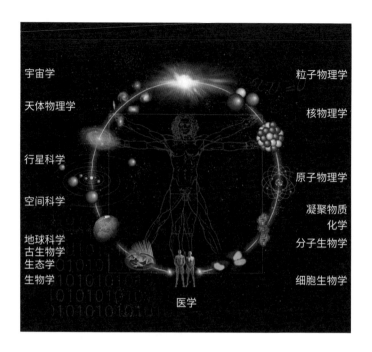

特性之一是核磁自旋，这一特性需要在磁共振造影装置中
进行研究。下面是原子物理学，这个研究对应的是自然中
的 100 多种化学元素，这些元素被依序排列在门捷列夫元
素周期表中。

　　然后我们到达由几种或多种原子组成的聚合物体系。
我们走进化学领域，就会涉及变化多端的分子形成。尤其
要注意有机化学，其研究中心是越来越复杂的、由碳原子
和氢原子组成的大分子，如聚合物和巴基球（或译为足球
烯）。分子世界一路向上延伸到生物化学，它是研究生命分
子的化学，如蛋白质、DNA 和 RNA。

然而，分子并不是原子间作用力下原子自我组织的唯一渠道。还有结构多样的聚合状态物质，如液体和固体；美丽的矿物和宝石中高度对称的晶体，以及玻璃等非晶体材料；半导体、超导体、普通导体、半绝缘体、超绝缘体；数字显示屏所使用的液晶材料，以及可能带来新技术的纳米材料等。

如果我们将刻度再扩大，就到了分子生物学这一研究生命分子行为的科学。我们知道，DNA 带着大约 30 亿个碱基对，组成了遗传密码的分子表达。DNA 包含 22 000 个形成蛋白质的基因，蛋白质可以使人体正常运转。这些蛋白质可以独立产生作用，但是它们也在复杂程度各异的网络中联合起作用。我们仍然不知道蛋白质是怎样组织生物有机体的。在遗传密码、细胞或有机体之间，仍然存在有待研究的基因表达和调控的广阔领域。系统生物学研究活细胞中的全部化学和生物活动及其功能，而细胞又是组成所有更复杂有机体的普遍基本结构。生物学家正在研究表观遗传整个组织层面的塔状结构，该结构调控着更复杂生命形式的基因表达。理解这些网络和层级结构是现代科学的伟大挑战之一。

分子思维的发展打开了一扇通往生物体革命性新方法的大门，这也显示了我们是怎样到达衔尾蛇之圆底部代表已知最复杂有机体的人类的。

现在看看圆圈的左边。最上方是范围最大的宇宙学和天文学，如今我们可以使用哈勃太空望远镜在许多外太空的空间观察站来进行观察。这门学科让我们前所未有地、更深层地研究宇宙，给我们提供了引力透镜下的壮观景象，如超新星残骸、星系碰撞等。还有 WMAP 卫星（威尔金森微波各向异性探测器），科学家利用该卫星观察到充满整个宇宙的微波背景辐射的不规律现象。这些观测结果为我们提供了重要线索，让我们了解宇宙能量的构成和分布以及宇宙演变的不同阶段。同样令人振奋的还有人类对天外行星（除地球以外的其他行星系统）的寻找。搜寻始于 1994 年，迄今为止，在我们临近的星系中，人类找到了 300 多个类似的行星系统。外星人存在与否，成了比从前任何时候都更迫切的问题！

现在我们从星系探索转移到刻度更小、离家更近的研究，也就是从研究中子星、白矮星、黑洞以及太空中的外星人，转移到我们熟悉的太阳系和绕太阳做轨道运动的行星上——尤其是其中之一：我们的地球。

地球科学研究从一个整体的范围开始，在很多层面进行展开。首先是地质学研究领域，涉及地球表面和内部。地球的大部分地质结构，如山脉的地理位置和起源，以及地质动力，地震、海啸和火山活动的发生，都可以用板块构造学说来解释。构造板块是由其下方熔岩层中缓慢的水流驱动的，各个板块的边缘会出现裂开、碰撞、转移的现象，这样的运动会导致大规模灾难的发生。地球科学也包括对海洋和气候的研究，研究者力图更好地理解全球变暖和二氧化碳排放量升高等重大问题。这些研究也许对我们不久的将来，甚至对我们的子孙后代都有非常重大的意义。

再往下走一步，我们会遇见地球上的生命现象。经生态学之后我们到了研究一切生命物种及其演变的生物学，正如达尔文设想的那样。

在衔尾蛇之圆中，无论从最大刻度还是最小刻度出发，我们最终都会遇见"生命"。人的生命是复杂性的标志，也是宏观和微观的交会。研究这一特殊有机体的卫生和疾病的学科是医学科学。在生命科学这个大标题下不断增加的学科还有心理学、认知科学、遗传工程等，它们都力图通过仔细观察、严格的数据分析、复杂的数学计算来厘清关系。这些努力也许最终会帮助我们认识自己究竟是谁以及人体怎样运作（从器官到免疫系统到大脑）。在这个终极科学挑战中，人类面临着"自己不过也是一种自然现象"这一考验。心理学等自我研究的下一阶段，是对集体行为进行研究的社会学、人类学、社会地理学和经济学。所有对这些问题从概念上量化的理解，都是基于坚实的科学基础。

对于围绕着自然之谜而展开的科学圆圈，我提供了一个简短的概述。我还想要提及的是，数学和信息学对于这些科学领域内所取得的成就而言是不可或缺的。

尽管各学科都大获成功，但是它们都有各自领域内

"最喜欢的"未解问题——不管是大爆炸、地球磁场的颠倒、垃圾 DNA[①]的意义、量子力学的规律、生命的起源，还是人类大脑的工作机制。科学总是浸没在亟待解决的问题海洋，我们如今的头脑无法解答的问题，也许后代的头脑就可以。甚至某一天，解答这些问题的"头脑"可能是人工智能。自然之美及其多样性深深地打动了我们，但最震撼人心的是：通过意识和人脑的进化，我们从未停止过对人类自身的追寻。

技术

尽管本书主要探讨的是科学本身及其对人类的意义，但其实科学和技术始终紧密联系在一起，二者彼此不可或缺，在知识和技术的双螺旋结构中相互推动。这是一场主题为观察与想象、意识与物质、追求真理和新发明的永恒的"华尔兹舞会"。因此，我在衔尾蛇之圆的基础上按顺序铺上了一层"技术发明之网"，列举了部分重要的技术，它们源于各领域的科学。

技术以前所未有的方式改变了我们的日常生活。新技

① 指 DNA 中不编码蛋白质序列的片段，是 DNA 中最神秘的部分之一。——编者注

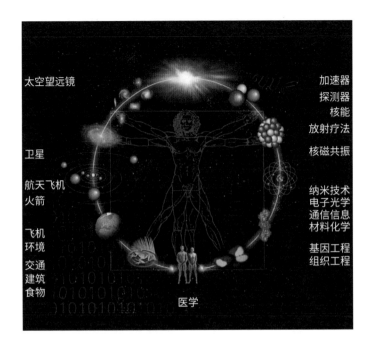

术是经济和社会进步背后的主要驱动力。但与此同时，我们也应该意识到：应用在社会中的技术是把"双刃剑"，既有建设性的潜能，也有破坏性的风险。

技术最明显的黑暗面可见于那些无谓的战争中所使用的惨无人道的武器；也可见于因为过多权力集中在生产和媒体集团手中从而产生的消费主义。我们必须作为一个社会整体来应对军事工业和医药业联合，也必须正视食品和时尚的繁荣并不能代表文明发展顶峰这个问题。

技术光明的一面则可见于它给全人类带来的解放：使人类免受无知、剥削及非理性的恐惧之苦。但我们仍面临

121

着巨大挑战：怎样把技术无穷的潜能转化为人类自身状况的真正改善。若想应对这一挑战，仅凭与教育相关的科学家和工程师的努力还远远不够：我们还需要政治经济机构和日常媒体对这一重要信息的广泛认识。毕竟与其他人相比，他们要为造福社会的新技术的平稳实施承担更大的责任。

技术可以排成某种树形结构，最基本的发明是"树根"，如火的发明、石器的发明以及杠杆、轮子等简单工具的制造。这些都表明人们已基本认识到制造和"加工"材料以拓展其用途的重要性、能源的重要性，以及制造简单机器来节约能源并拓展人类能力的重要性。许多远古时代文明所创造的技术在今天仍让我们赞叹不已。他们修建了巨大的寺庙、金字塔和宫殿，也建造了大船、灌溉工程、道路以及城市，这些都展示了古人精湛的技艺。从利用人力操作简单工具，到学会使用风、水、水蒸气压力等其他能源来操作这些工具，这是一项伟大的突破。大范围机械化的工业革命带来了产量的迅速增长。

电的生产和分配、利用电动机把电转化为机械能标志着技术又迈入了一个新阶段。工业过程变得越发复杂化和自动化，体力劳动越来越为机器所替代。随着电磁辐射的发现，人类发明了产生无线电波等辐射的方法，使全球交流成为可能。

此后我们从电力设备过渡到电子设备，首先是电子管的使用，其次是半导体技术的发展。这就带来了技术的全面革新，我们由此进入了计算机时代，大大提高了人们储藏、加工、交换信息的能力。继机械化和自动化后，我们进入了现代信息时代，笔记本电脑、iPod（便携式多功能数字多媒体播放器）和互联网成为这个时代的标志。

让我们再来一同回顾这个铺上"技术文明之网"的"衔尾蛇之圆"。它在你祖父母或者曾祖时代是什么样子的？在你孙辈的时代又将会变成什么样子？

许多人力和脑力的合作正把我们的世界变成一个地球村，我们拥有同一个全球气候系统、同一个全球经济、同一个互联网，也许将来某一天，我们也会拥有同一种全球公正理念。

我相信，科学技术双螺旋结构给世界带来了更深远的、不可逆转的变化，远超任何经济、宗教或政治纲领的影响。我们只有更精心地改进此过程、更尊重自然、少些浪费和毁坏，才能使我们的子孙后代继续参与这一过程。技术教会了我们很多道理，其中最重要的一个教训是我们所处的环境是多么脆弱、我们自身是多么脆弱。现在人类要解决的核心问题是怎样能使我们的技术社会平安度过过渡期，朝着创造一个更可持续性发展的世界而全面努力，让我们的子孙后代可以享有至少和我们同样多的基础资源、产品和机会。这会是个巨大的转折点，一旦渡过这个关口，科技一定会产生足够多的、各种各样的技术经济机会。我们必须推着自己翻过这个障碍，至少还能获得拥有美好未来的可能性。

三个前沿

随着前面几层面纱的揭开，我们进一步聚焦了各门科学知识和技术。现在让我们反其道而行之，尽量扩大视野，从整体来看这个衔尾蛇之圆。知识的三个终极前沿包括：很大的问题、很小的问题以及复杂性。

如我之前提到的那样，科学的所有领域都有各自重大的未知领地。但是如果将科学作为一个整体来看，你会发现我们对知识的渴望一直推动我们朝着完全未知的领土迈进。我们从新加速器得到的结果，就像范·列文虎克用他的显微镜观察到的那样，有些东西从来没有人看到过。

朝着更小的方向推进，我们不知道夸克和电子是否是自然界中最小的实体。我们该不该期待发现比它们小得多的物质，比如超弦？有没有可能在这个极小尺寸范围的时空中，还存在着超出我们所能观察到的四个维度以外的维度呢？事实上，弦理论就预测了这种可能。你可能不关心这种奇怪的问题，但是物理学家关心。时空的真正维度为10个或者11个，这样的想法令人兴奋。现在看上去似乎无法想象，但是也许再过50年，这会变成常识，人们会说

"当然是这样"。

根本问题是是否总会有更小的结构，这就像俄罗斯套娃。层级是无限的还是会有尽头？有没有最小的尺度，一切皆止于此？从逻辑上和物理上讲，一旦我们到了"最底层"，什么新东西都不会有了。剩下的唯一活动就只是出于启迪或怀旧目的的科学观光旅游。但幸好，现在下这样一个大胆的结论还为时过早。新的数据也许会打破我们所有的期待，带我们走上完全不同的方向。

提及宇宙边缘问题时，情况也是如此。边缘到底是否存在？我们有没有可能进入宇宙中与我们的世界完全不同的其他地区？有些科学家相信，宇宙景观预示着多样性的

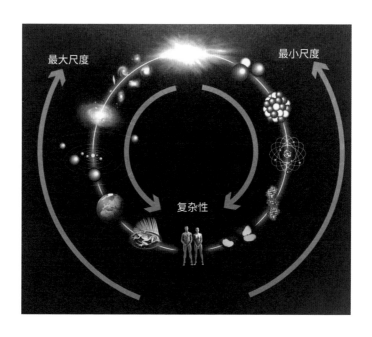

可能：存在着一种遍布着袖珍宇宙的多元宇宙，每个小宇宙都有自己与众不同的物理学——只有极少数的小宇宙适合居住。

有意思的是，"最大"和"最小"这两个问题是相关的。让我们先讨论上页图中朝下指向复杂性的两个箭头。一个箭头是从宏观世界——达尔文进化论而来；另一个箭头是从微观世界——分子和细胞而来。"复杂性"这个词本身就代表了一长串我们知之甚少的现象，如天气系统、遗传性状的发展、生态食物网、金融市场以及大脑。有些人说，人们对这些系统所知甚少，就是因为它们太复杂，我认为这种解释过于武断和简单。还有人说，我们需要换种方法看待问题，需要其他观察工具，或是破解复杂性核心问题的其他数学算法。这种看法把复杂性这一问题又放回了我们熟悉的科学领域，其中的工具、数学算法、基本概念和研究对象共同发展。这种研究方式在圣达菲学院以及其他很多学校很常见。

我们可以从各种不同的层次尝试模拟社会动力学。到目前为止，对极复杂系统的研究已经有了一些简化理论，但这些理论简单得让人吃惊，甚至有些流于表面。如果这些理论能精确地做出可靠的预测，就会做出了不起的贡献。可惜大多数情况下，事实并非如此，这方面的科学仍然很不完善。很大程度上，这些科学的进展和能否利用大型计算机设备直接相关，这些设施可以让研究者分析数量庞大的数据，大规模模拟极其复杂的模型和系统。互联网工具（如谷歌）很显然提供了丰富、可靠、详细的数据来源，这和社会科学定量分析方法的发展紧密相关。这些领域看起来前途一片光明。诊断工具在改进，全方位钻研海量可靠数据的能力也会提高，准确理解复杂性指日可待。

关于这三个前沿，还要注意一个内容。125 页图中向上的两个箭头粗略地表示人类的发现史，人类感知的前沿问题一直在向外和向内发展；相反，向下的两个箭头表示不断增长的复杂性，代表的是宇宙本身的历史，我会在后文中进一步解释。

转折点

> 科学家最重要的任务是寻求最基本的法则，根据这些法则可以推导出世界的模样。寻找这些法则不能依靠逻辑推理，只能依靠以创造力和经验为基础的直觉。因为方法上的不确定，有人会以为可能存在任意数量同等有效的理论系统。然而历史经验表明，在所有能想出来的理论构想中，总有一种脱颖而出，绝对比其他理论都更胜一筹。
>
> ——阿尔伯特·爱因斯坦，1918 年

　　科学中有各种不同的伟大成就。我们可以做出开拓性的观察，发现不同观察中的关键联系。我们可以开发带来全新理论理解的模型，甚至带来一整套的原理，用来解释大量观察结果的因果关系。当这种情况发生时，旷日持久的研究工作可以浓缩为解释自然如何运行的简洁有力的论述，这样的发现不一定对技术进步有帮助。我不是在讨论轮子的发明，而是在讨论一种给人启示的理论，如运动定律；我也不是在说中子星的发现，而是在说时空相对性定律。

　　我把这样重大的进步称为"转折点"。你可能会问：为什么不叫"革命"呢？这些转折点当然是革命，因为它们

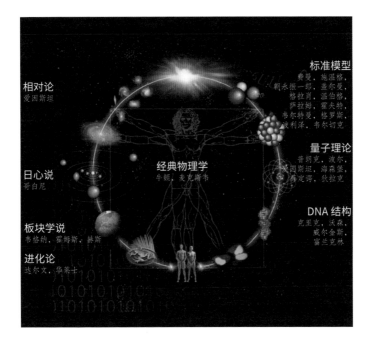

推翻了我们对事物的寻常看法。但是我更喜欢称之为"转折点"，因为"革命"这个词在一定程度上带有毁灭的消极含义。托马斯·库恩用的是"范式转换"这个词，意思是这样的时刻需要我们转变思维模式。现在你应该明白了，我指的是我们思维的转折点。起初，我们都朝着同一个方向工作、思考，随着越来越多异常情况的出现，我们渐渐意识到并不能用一个理论解释一切。然后有人出现了，为我们打开了一扇从未有人注意过的通向全新世界的大门。正如爱因斯坦所说，停留在出现问题的思维水平上，很少能解决出现的问题。这句话很好地描述了这种情景。

科学中的转折点是关于自然如何运转的准确说法，但这并不意味着这些说法表达的是某种绝对真理。但是这样的说法异常强大，其地位在几百年内都没有受到挑战。在真正受到挑战时，这样的说法能够被更一致、更全面的理论框架接纳吸收，显示出它们应用范围的局限性。例如，牛顿的原理也不是真"错误"，它们只是在有效性范围内有限。在相对论被发现之后，即使牛顿的定律被一套概念截然不同的新等式取代，其旧有理论依然不可思议地近似于现实，不过是使用范围有限而已。即使在今天，我们日常生活中的机械技术，99.99%还是要以牛顿物理学为准则。通常来说，桥不会塌，飞机不会从空中掉落。如果真的桥塌了、飞机掉落了，错也不在艾萨克·牛顿爵士身上。

反之同理：有时，理论的形成已经过了很久，它的全部含义才为人所知。例如，非线性动力学和确定性混沌理论，这两者早在 300 年前就已经可以在牛顿的框架中窥见一斑。另一个例子是，在薛定谔、海森堡、狄拉克艰难地写下所有必要概念的 75 年之后，量子信息论才真正问世。

依我看，这样的转折点不只是"科学迷"才为之兴奋的怪异事件，它们应该被当成人类思维进化中的关键事件。这就是我要详细讨论衔尾蛇之圆上所展示的转折点的原因。

我们先从现在被认为是经典物理学"跳动着的心脏"的力学原理和电磁理论基本方程组开始。艾萨克·牛顿第一个给出了关于速度和加速度的精确数学描述，形成了运动的三条定律，如力的第二定律 $F=ma$，至今仍在学校课堂上被讲授。他还验证了一条独立定律，即引力定律。这一简单定律规定：质量为 m_1 和 m_2 的两个物体的相互引力与它们的质量成正比，与它们距离的平方成反比。[1] 这条力的定律过去被认为是普遍适用的，因为它对笔掉在地板上、月亮绕着地球转以及地球绕着太阳转同样适用。牛顿把地球力学和天体力学融合到一整套宇宙定律中，用他自己发明的准确的数学语言形成了公式——绝对是科学史上最非同凡响的天才的辉煌成就。牛顿定律也为哥白尼对于太阳系的描述以及开普勒的天体运动定律提供了根本依据。

但在启蒙时代，重力并不是科学家认同和研究的唯

---

[1] 即 $F=G \cdot (m_1 \cdot m_2) / r^2$。——编者注

一一种力，电力、磁力也都有待人们做出解释。长期以来，许多引人注目的观察和理论解释不断积累，大约在 1865 年，电磁理论终于由詹姆斯·克拉克·麦克斯韦完美完成。他把所有的电磁现象仅用四个方程式就归纳完成，还带来了更多的收获——这些方程式解释了光作为电磁波在时空中传播的现象，光的波长（或频率）决定光的颜色。那时已知的是，所有光都以同样的速度传播，可测量到的光速接近 300 000 千米/秒。麦克斯韦方程组是我们对不同物理现象进行综合理解的绝佳事例。人们曾经以为电、磁、光是完全不相关的现象，如今它们也被统一在同一个理论框架里。

我把这两个转折点放在图的正中心，因为它们是第一批验证"宇宙具有普遍规律"的有力证据，我们可以通过仔细观察来发现这种规律并用数学语言精确描述它。在这些成就之后，19 世纪末，许多物理学家确信物理学领域的研究已经到了终点，剩下的事情不过是补充相关细节。可就在不久之后，正是这些物理学家中的很多人不得不承认，他们的结论全错了。

在 20 世纪的前 25 年里，经典物理学的高楼大厦遭受了多次巨大的冲击，造成了观念的巨大转变。其中的两次冲击涉及时间和空间的最基本概念：1905 年的狭义相对论和 1915 年的广义相对论，二者均由阿尔伯特·爱因斯坦提出，他是朝全新宇宙观大胆迈出必要步伐的第一人。

他的第一步是引入四维时空观，提出时空有三个空间维度和一个时间维度。相对论指的是我们的相对运动状态决定了空间和时间轴在时空中如何定向。这意味着时间失去了它自牛顿以来所享有的绝对地位：时间现在变成了相对的，与空间一样。而光的速度取而代之，具有了绝对地位。首先，光速对所有观察者都"一视同仁"；第二，任何事物都没有光速快，c=300 000 千米 / 秒是绝对速度极限，再没有能超过这个速度的了！在爱因斯坦的世界观里，观察者以相对彼此的高速度运动时，会发现他们的时钟快慢是不同的。这引发了像孪生子佯谬一样难以置信的假设：孪生子中的哥哥穿越空间进行一次长途快速旅行，当他回来时会发现自己的弟弟比自己老得多，如果弟弟还健在的话！这种假设听上去很怪异，其实是一个基于狭义相对论的思想实验——不是通过把哥哥送到仙女座再回来，而是通过在实验室里研究不稳定粒子的寿命受速度的影响来实现的。

对空间和时间彻底的重新诠释具有深远影响。它带来了对质量和能量等效性的深刻见解，集中体现在 $E=mc^2$ 这个功能强大的方程式中，这个方程式很多人都知道，但只有很少人能理解。如果质量只是能量的一种形式，解放能量就变成了一项挑战。众所周知，该方程如果用在研发原子弹上，这可能是个悲剧故事；而用在核能的和平利用上，就是个积极向上的故事。

原子能的利用问题解释了转折点的一个重要方面：转折点本身是人类认知历史中的胜利时刻，但是在它们的应用上，新知识不可避免地有其两面性。消极的一面可能会涉及军方；积极的一面是，新知识能根本改善人类自身条件，如提供新的研究工具。

爱因斯坦经过近 10 年的孤独探索，致力于将他的狭义相对论扩展到加速观察者，获得了让世人震惊的发现，即引力可以被理解为"时空曲率"。引力新理论产生了根本没人能预料到的重大后果。爱因斯坦的方程式可以把任意一点的局部时空曲率和该地区局部存在的能量与动量联系起来。该方程式中的 7 个预测目前都已被实验证实，尽管有些实验的结果极其微小，很难被直接测量。最显著的结果是：宇宙作为一个整体一定是动态的。方程式基本可以预测出我们的宇宙在膨胀，这一点在 1928 年得到了爱德文·哈勃的证实。

好了，现在让我们看看衔尾蛇之圆的另一半吧。在微观层面，曾经被珍视的经典物理学原理已经在更彻底的意义上被推翻，经典力学原理和电磁原理也完全溃败。1911 年欧内斯特·卢瑟福发现原子不只是中性的、同质的物质块；相反，他发现原子的所有质量基本上都集中在位于中心、带正电荷的原子核上，而很轻的、带负电荷的电子在一定距离的外围绕着原子核运动。开始时，这些发现似乎完全可以用经典物理学来解释。但是麦克斯韦方程组预测：

电子由于发出电磁辐射，会失去能量，这样会导致电子朝原子核靠近。这一过程发生在 1 微秒内，因此，根据经典物理学原理，原子不可能存在。

我们需要以极其创造性的一步来应对这一危机。这一步来自第一代伟大的量子物理学家——马克斯·普朗克、尼尔斯·波尔以及阿尔伯特·爱因斯坦，他们对这些危机问题做出了回应。沃纳·海森堡、埃尔温·薛定谔、保罗·狄拉克等人则把前者部分有些随意的规则转换成了严格的理论框架。

量子理论这一转折点带来的新见解震惊了所有人，甚至包括发明者自己。量子理论给我们带来了对粒子和波的补充性看法。粒子可以有波那样的行为，例如，粒子表现出了干涉图样；波也可以像粒子那样运动，例如，光波可以理解为一束光的微粒，或者叫光子，光子携带确定的能量和动量，就像粒子一样。但是波不是点：波永远不会只存在于一点。这个悖论导致了不确定性关系的形成，也就是量子理论中最抽象、最根本的原则。这种理论唯一一致的解释本质上只是一种概率解释。

其他陌生的原理也被相继发现了，如泡利不相容原理[①]规定：(1) 粒子只能属于波色子或费米子两种中的一种；(2) 两个相同的费米子不能占据同一种状态，例如原子中的

[①] 又称泡利原理、不相容原理，是微观粒子运动的基本规律之一。

电子。这个原理产生了巨大的影响：它使我们能够理解物质的很多特性，不只是原子级别，还有宏观级别的物质。这是元素周期表背后的基本原理：因为电子无法全部占据最低的能量状态，它们只能连续地分布在更高的级别，这也导致了原子与众不同的化学特性。泡利原理也解释了导体为什么存在：在导体物质中，原子的电子被迫占据高能状态，在此状态下，它们松散连接，可以自由移动。

量子理论真正打开了微观世界的大门，其原理在对最小级别物质的研究中依然有效。我已经提过，原子力只有在很小的距离才起作用。与之相关的转折点是"基本粒子和力的标准模型"，这实际上是描述所有已知基本粒子的量子理论，例如，夸克、电子、中微子以及它们之间的基本力——除了引力。这就是通常所说的"统一场论"，因为它统一了在（次）原子核级别上完全不同的物理现象的详细描述。[1]

如你所见，量子理论几乎"统治"着衔尾蛇之圆的整个右半边：从粒子物理学一直到化学。量子理论对技术的影响也非常深远，从半导体物理学（如计算机）到激光、纳米物理学再到现在的量子信息技术。

现在让我们回到圆圈的左下方。这里要说的第一个转折

---

① 这个理论历经 40 年才形成，很多人都与此相关，我们只是提到了部分最杰出的物理学家。

点是板块构造学说，这一学说是现代地质学的核心原则。它发展自约 1915 年阿尔弗雷德·魏格纳关于大陆漂移的独到假说，在 1960 年左右确立了坚实的地位。板块构造学说常与亚瑟·霍尔姆斯及哈利·赫斯的名字联系在一起。地球表面磁场的深海测量结果可能和地球磁场的周期性翻转相关，这给板块构造学说提供了强有力而详细的证据。在地球的表面有 6 大板块，还有很多小的板块，这些板块一般以每年几厘米的速度相对移动（约等于指甲长出来的速度），板块移动的动力来自地表深处的对流层。这个理论解释了火山活动、山脉形成、地震以及海啸等诸多地理事件，这些活动大多发生在板块和板块相对运动的边缘。

另一个转折点是进化论，进化论给我们带来了深远的影响。在 1859 年的《物种起源》一书中，查尔斯·达尔文提出了他关于地球上所有生命的伟大观点。通过给他的参考体系加上时间轴，他给人们对于令人困惑不已的生物之美和生物多样性的看法带来了巨大转变。通过把所有的生物都放在同一个时间轴上，他得到了启发：所有这些生物很有可能是从其他更原始的形式进化而来的。这一举动，从把自然当成一个非常复杂、静止的状态，转变成把自然看作一个动态的过程。

　　最后，考虑到这几类事实……我似乎可以明确地宣布，世界中居住着数也数不清的科、属、种的生物，它们都是从各自的类、群内进化而来的，它们有共同的祖先，在发展的过程中都做出了改变。即使还没有其他事实和论据的支撑，我也完全认同这一看法。

——查尔斯·达尔文，1859 年

不仅如此，达尔文还描述了进化过程发生的机制：属性变异以及适者生存。这一真知灼见同样影响深远——即便在这个理论形成 150 年后，还依然存在对它的有效性和意义的争论，正如我在第一章里指出的那样：接受我们的祖先由灵长类、鱼类进化而来，归根结底是某种原生动物这一事实确实不易。

进化论的思想深深影响了现代社会科学，甚至包括经济学这样的领域。据说进化论是一种定性机制，这不同于我之前讨论的那些原理。进化论告诉我们，在解决问题时，要用动态的过程观而不是静态的情景观思考。我们还从中学到，非常简单的规则和算法可以变换出相当复杂的模式。进化论之所以脱颖而出，不仅在于它的预测能力，更在于它让我们认识到了诸如涌现、偶然性、适应度等重要原则。

涌现是指集体可以展现出部分所不具备的性质，也就是集体大于部分之和，"1 加 1 等于 3"。这些性质不是机械式地手动相加，而是有机地整合为一体，认识到这点非常关键。一个简单的例子就是水波，水波是大量水分子集合显现的特性，关于波的概念却不适用于单个水分子。

偶然性指的是终极状态的偶然本质。如果 6 000 万年前，那颗巨大的小行星没有在尤卡坦附近撞击地球，进而给地球的生物圈造成巨大改变并导致恐龙灭绝，我们可能不会是今天这番模样。

这显然是一个造成重大后果的偶然事件。这不禁让人想起那个有名的"假设"：如果拿破仑早年死于肺炎，世界会发生什么改变？如果我们在同样的初始条件下，再播放一遍进化论这盘"磁带"，世界又会变成什么样子？这种假设实际上真正想表达的是：进化过程的结果，原则上取决于沿着某条路径发展下去的历史中的细节。这条道路穿越了许多我们知之甚少的可能事件的空间，因此每一场进化的结果都难以复制。

适应度指的是自然选择的动态过程，这一概念是指对于给定情景或挑战做出良好调整。在进化生物学上，它被量化为遗传意义上的繁殖成功率。①

上述这些概念在关于复杂性的现代科学中至关重要，复杂性科学通常以聚类、适应性、网络动力学和基于主体的建模等方式思考问题。

网络有顶点和链接：顶点具有由一系列数字表示的某些特性；链接代表互动，互动可以量化为强或弱。你现在

---

① 指的是携带你的遗传密码的个体在自然选择发生之前和之后的数量之比，因此适应度取决于时间。

一定会猜想网络会根据某种算法永久更新，这种算法在旧数值基础上生成新数值。实际上的情况则可能是：以统计数据来看，会出现某种平衡或静止状态，在这种情况下，数值在整体上的分布将不再变化。这种分布结果对输入或规则的依赖性有多强，对交互力量等其他因素的依赖程度又有多高？这些建模技能让你可以研究之前提到过的生物属性。

有些网络不是被动的，而是动态的，由许多主体组成，这些主体遵循简单局部规则，根据博弈论决定某些策略。这些领域使用大规模计算机模拟来研究涌现的集体属性。该模拟技术使得现象模拟成为可能，这些现象很难被压缩为某几个变量和参数，系统中不同的时间和空间范围与整个网络的稳健性或弹性相关。这种复杂系统建模技术不仅在生物学舞台上得到了应用，在社会网络建模中也得到了应用，如信念体系、决策网络、分歧模型以及经济领域，如经济物理学。

在微观世界中，生物学也见证了伟大的转折：微生物学从生物化学转向了分子生物学，现在已成为最大的科学研究领域之一。这个领域在很短的时间内发生了翻天覆地的变化，我选择了弗朗西斯·克里克和詹姆斯·沃森（还有不经常提到的罗萨琳德·富兰克林及莫里斯·威尔金斯）的发现作为本书要讨论的转折点。他们的发现，使人类从分子角度精确思考生命形式变得可行。这门学科尽管非常复杂，却真正把生物学变成了一门硬科学，相关研究者开始着手研究相当独立的生命基本构成这个层次，进而发现生命构成不仅有 DNA。各种让人迷惑不解的复杂功能和行为原来是由蛋白质、RNA 分子及由它们两者构成的网络之间复杂的相互作用所执行的。对我来说，也许这才是科学最精彩的走向——研究者们试图完全理解细胞内发生的全部化学过程。

对待生命的两种研究方式——从宏观角度出发的新达尔文方法，和从微观角度出发的、主要研究 DNA 分子携带的遗传信息的分子法——可以很好地互为补充，二者间的互补性亦让人激动。古生物学家从不同物种遗传物质相似性的研究中获取了新信息，与此同时，他们也给分子生物学家提供了关于寻找路径的新线索。

在过去的 50 年内还有没有更多的转折点？我的看法是：我们正在撞击通往复杂性的大门，也在这个领域里收获良多。研究者们搜集了大量的信息并在诸多领域中发现了预示性的关联。他们在各种层面上取得了各式各样不完整的解释。然而据我所知，迄今为止，我们还没有再经历像进化论、相对论以及 DNA 结构那样影响深远并从根本上改变想法的转折点。但我们也无须悲观，因为那些伟大转折点的发生都曾是未被预料到的，所以，说不定前方也还有巨大的惊喜在等着我们呢。

这些转折点讲述了人类思想的精彩故事，从中我们可以读到人类的求知欲、忍耐力和因此带来的希望。故事所讲述的历史和我们平常学习的世界历史不同：这段历史中没有拿破仑，没有维多利亚女王，没有罗斯福。这是个关于解放思想、面对非凡挑战、探索自身起源以及塑造人类未来的故事。

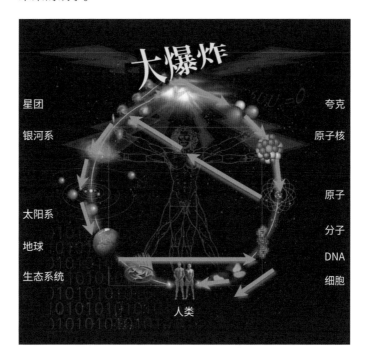

宇宙演化

> 无既非有，有亦非有；
>
> 无空气界，无远天界。

何物隐藏，藏于何处？
谁保护之？深广大水？

死既非有，不死亦无；
黑夜白昼，二无迹象。
不依空气，自力独存，
在此之外，别无存在。

太初宇宙，混沌幽冥，
茫茫洪水，渺无物迹。
由空变有，有复隐藏，
热之威力，乃产波一。

初萌欲念，进入彼内，
斯乃末那，第一种识。
智人冥思，内心探索，
于非有中，悟知有结。

悟道智者，传出光带；
其在上乎？其在下乎？
有输种者，有强力者；
自力居下，冲力居上。

谁真知之？谁宣说之？

彼生何方？造化何来？

世界先有，诸天后起；

谁又知之，缘何出现？

世间造化，何因而有？

是彼所作，抑非彼作？

住最高天，洞察是事，

唯彼知之，或不知之。[①]

    我们研究的自然，有固定的组成结构，我讨论了该结构从微观到宏观这一巨大的层次。我们也讨论了概念框架，只有在这样的框架里才能理解这些结构。现在需要回答几个简单的问题：这些结构从何而来？它们在宇宙大爆炸的时候就存在了吗，还是说它们是以某种未知方式、按照一定顺序形成的？如果是，我们能明白这一切是怎样发生的吗？这是关于我们宇宙起源的基本问题。答案很有可能在爱因斯坦的理论中找到，爱因斯坦的理论描述了自大爆炸开始的宇宙膨胀。参考第141页图，我用箭头来表示自大爆炸开始时的结构发展顺序。

---

    ① 译文选自商务印书馆《〈梨俱吠陀〉神曲选》，巫白慧译解，2020年，247—248。——编者注

大爆炸时，宇宙是极其稠密的，而且非常热——几乎可以说是无限黏稠酷热。宇宙像是一锅沸腾的"粥"，由夸克、电子、光子、中微子等粒子以及与它们相对应的反物质等最基本的物质形式组成。伴随着宇宙的膨胀，温度在下降，因此粒子碰撞所需的平均能量也在下降。这意味着第一批稳定的系统有可能在此阶段形成，因为它们不会毁于与其他粒子的碰撞。在宇宙的初期阶段，膨胀和冷却为第一批物质的形成提供了条件。几分之一秒后，三个一组的夸克开始形成稳定的质子和中子，即原子核的基本构成——它们的结合由强核力造成。大约 3 分钟之后，这些质子和中子开始形成最简单的原子核，如氘、氦，还有一丁点儿的锂。我们对于弱核力的知识可以帮我们算出那时形成的轻元素的量，中子衰变是这个过程中至关重要的因素。随着温度进一步下降，所有已有粒子和反粒子重新组合形成纯能量。在此阶段，大部分（反）物质转换成了辐射，相对来说，只剩下很少的物质。大约过了 30 万年，剩余的带正电的原子核开始与自由电子结合，形成最简单的不带电的中性原子，大多为氢原子（75%）和氦原子（25%）。我们现在来到了衔尾蛇之圆的右手边。请注意，这依然处于宇宙的初期阶段，因为宇宙目前已知年龄在 137±2 亿年。这次是由电磁力造成的结合，这点不足为奇。这个过程肯定很剧烈，因为宇宙中的物质经历了一次从酷热带电的等离子体，到由中性粒子构成的热气体的阶段转变。

异乎寻常的是，这个阶段，随着发散光的电荷固定在中性原子中，光可以在太空中自由传播，宇宙变得透明。

电磁力基本被中和以后，比电磁力弱很多的引力开始发挥主导作用。为了继续我们的故事，我们现在需要从圆圈的右手边移到左手边。中性粒子气体开始朝不同质的小物体移动，这萌生了我们今天看到的大尺度结构。又过了一段时间，这些气体云的核心变得很稠，在巨大的引力向内压力下，它们开始变热，最终热核点火自主发生，形成恒星。许多"太阳"开始发光，宇宙充满了几万亿个巨大的热聚变反应堆，这些像熔炉一样的反应堆最后生成了更复杂的原子核，如碳、氮、磷，以及最终形成了更重的元素，比如铁。构建生命必需的原子也是这样形成的。我们身体内的许多原子都有着剧烈变动的过去：它们穿梭了无数代死于超新星剧变的恒星内部，最终的残骸变成了地球的一部分。

在恒星形成的过程中通常会形成吸积盘，行星系统从吸积盘演变而来。总之，宇宙大约要花 80 亿年才能制造出形成地球这样的行星所需的原材料。各种机缘巧合使地球有别于其他星球。这些巧合包括水和大气层的存在、月亮保证了行星轴线方向的稳定性、木星和土星等其他行星的存在保护了地球免受诸多大体积小行星的撞击。这意味着，在这个蓝色星球上，我们可以享受温和的气候，相对来说，温度上下变动幅度不大。这些环境让生命所需的复杂大分子得以形成。

想必生命是不知不觉自然形成的，虽然我不得不承认此种说法没有确凿的证据，更别说详细了解生命是如何产生、从何而来的。迄今为止，还没有任何无生命物质在试管中被赋予生命。但是，不知从何时开始，复杂分子开始形成有机体并对它们的环境做出反应，把自己的特点传给后代。到这里，我们要再一次跳到图的右半边，沿着衔尾蛇之圆向下走。地球上的生命从单细胞有机体进化到复杂生物——据我所知，在一切生命中，最复杂的物种是智人，也就是：你和我。

回首看看这惊人的137亿年的尝试和犯过的错，我们只能说，受物理学、化学、生物学原理制约的人类，真的是一种奇特的基本物质集合。这正是衔尾蛇之圆的宝贵之处：它向我们展示了这些基本组成成分、不同级别的结构，也向我们表明了这些结构形成的确切方式和时间。我们明白自己已经从达尔文描述的生命进化之路，一直走进大爆炸时期无生命物质的领域。所有这一切都来自最基本形式的物质和能量的巨大爆发，由于膨胀和冷缩而越来越复杂，直至发展出更大的结构，生命破壳而出，进化开始——最起码是在那些客观条件允许的地方。

我们解释了以科学证据为基础的宇宙演化的故事，这一演化遵循着从大爆炸到现在的物理学和生物学的普遍原理。现在，我们想知道的是，这些原理教会了我们哪些关于未来的事情。用科学理论的眼光来看这个问题，可以得出这样一个似非而是的结论：对于不久的将来，我们有很多事情不确定；而对于长远的将来，我们反而确信有些事情一定会发生。比如说，我们都知道，在数万年内，地球运动会有许多周期性变化，地球相对于太阳的朝向对气候肯定有所影响。小行星也有可能在几千万年内造成巨大影响，它们也许会毁灭很多生物。让我们再看得更远一些：50亿年后，太阳将停止释放能量，因为太阳在用尽核燃料之后，会在超新星中坍塌，形成蔓延太阳系大部分区域的巨大火球。这件事有百分之一的可能发生，如果到那个时候，我们还没有找到迁移到更远星系的办法，那么结果会很残酷，也无可避免：地球上的一切生命都会被消灭。

当我们讨论的范围超出恒星时，就会涉及关乎整个宇宙未来的终极问题。对于未来会发生的事，我们必须准确测量平均能量密度，才能获得几乎无可辩驳的证据。这点很难，因为诸如暗物质等能量形式是目前我们所不熟悉的。现在我们已经开始测量了，而结果明白无误地告诉我们：宇宙会一直膨胀下去。这意味着，一切结构终将退变成能量的最轻级形式，有关宇宙的这个伟大故事将以一些基本粒子和辐射不断稀释的气体而画上句点。

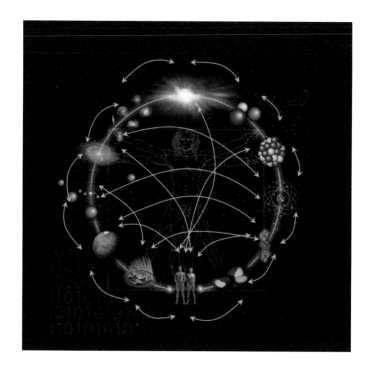

同一个自然，同一个科学

我用多层结构的视角，给读者展示了基于衔尾蛇之圆的人类外部世界和内部世界，这个圆圈象征着自然的统一。记住这些层次，你就会理解本书的主旨：同一个自然，同一个科学。如果你能理解连接环不只是层与层之间，还包括科学不同领域之间的连接环——一个巨大的网络（图片也仅能描绘一小部分），这种同一性将变得越发清晰。

前页图中箭头指示了研究领域之间的相互作用，但是远不止如此。例如，原子核和人体之间的箭头，代表医疗科学中的核磁共振造影、放射治疗、X 射线图像、放射性跟踪器等应用。科学所有领域的相互联系使得整个科学世界观变得非常强大。这意味着：你不能随意改变某些东西，而不去考虑箭头的另一端会发生什么。并且图中还有许多双向箭头，这样一来，若想改变整张图将会非常困难。虽然困难，但也不是不可能，这取决于相关科学家的能力和付出。有人说，对一名科学家而言，科学不仅是份工作，也是种生活方式。

我还想讨论两个更有启发性的关联。第一，位于上方的两个箭头。我称之为圆圈左边最大距离物理学和右边最小距离物理学之间的"宇宙捷径"，以大爆炸为顶点。这也解释了我为什么不画一条直线，而要画一个圆圈。左边的刻度范围越来越大，右边越来越小，我们自己则恰好站在中间。为什么代表科学之圆的衔尾蛇要咬住自己的尾巴？我们想要弄明白在可观察宇宙的最遥远处发生了什么，因此把望远镜对准了自己能看到的最远地方。我们收到的信号由可见光、X 射线或是微波组成。它们以光速传播，因为光速是有限速度，这些信号在到达我们的天文台之前，已经在路上走了几百万甚至几十亿年。这就意味着，我们所看到的一切其实是它几十亿年前的样子！探索空间的界限就像是探索时间的界限！

如果把这一事实和大爆炸理论结合起来，它将告诉我们，如果看得足够远，我们就会接收到来自大爆炸的信号。但是这个理论还告诉我们宇宙一直在膨胀。如果我们回看得够远，就会看到宇宙相对缩紧的阶段。物理学告诉我们，如果物质被压缩在很小的空间中，它的温度就会上升——相反，膨胀就会导致冷却。在遥远的过去，宇宙一定比现在热得多。如果我们回到过去，会先进入一个没有生命有机体的纪元，然后是一个没有化学反应、没有原子，最终是没有原子核的时代。所以大爆炸就是我们探索最大和最小尺度范围世界的终点，这也解释了为什么圆圈以大爆炸收尾。

基础科学的两个前沿问题起初似乎相距最远，但他们引出了同一个谜团，那就是我们宇宙的起源。的确，科学的两个极端领域一直在互相影响。这是多么美妙又多么神奇！我们可以通过天文观测得到粒子属性。你可能会认为过去发现的未知能量和物质，就是暗物质和暗能量。天文学家说它们一定存在，但还没有得到粒子物理学的确认。反过来也成立：粒子物理学可以详细地解释宇宙中某些种类物质为何大量存在，或者相当早期的宇宙阶段性过渡时期，如暴涨阶段 ① 的影响。现在有一个专门研究"天体粒子物理学"的领域，两种伟大的物理理论正面交锋的领域也

---

① 暴涨指的是宇宙最初的一个短暂时期，据猜测，在此阶段宇宙以指数方式迅速膨胀。

正是衔尾蛇吞食自己尾巴之处。

图中从圆圈两边向下指向底部的箭头让我们想起在上一章圆圈中向下指向复杂性前沿的两个箭头。中间的人形代表在我们所能及的宇宙中能找到的复杂性之顶峰——在我看来，这也是自然科学研究的终极课题。由此可见，无论是从宏观角度还是微观角度都可以找到复杂性，衔尾蛇之圆的不同部分就是这样交会在一起的。

这部分的衔尾蛇之圆代表知识非常广泛的前沿内容，面对的是生命的奥秘以及它不同形式的变体。左边是我们的传统学科，如地球科学、地理学、古生物学等，迄今为止的最高成就是达尔文进化论生物学。右边我们看到从分子角度出发作为补充的分子细胞生物学。向下的箭头指向我们并将不可避免地指向终极问题——对于人性和人类意识的理解。

让我们继续揭开下一层面纱，我会更进一步挖掘衔尾蛇之圆给我们提出的两个终极问题。

终极问题

现在我们已经对衔尾蛇之圆进行了全方位的研究，看来科学就剩下两大挑战了：起源问题和复杂性挑战。在某种意义上，这些问题包含在第二章讨论过的基本问题表中：

起源问题覆盖了物质问题和宇宙问题，也包括空间和时间；复杂性挑战可以看作涉及生与死、意识与灵魂以及社会的问题。这些问题可以有力地推动我们思考两大挑战在现代科学中意味着什么。

溯本求源

大爆炸是什么？我的答案可能会令人扫兴：我们也不知道。我已经说过，根据大爆炸理论，在我们所能想到的最早时刻，能量密度和温度增长都没有限制。这仅仅是爱因斯坦广义相对论公式的一种解决方法——这个理论还预测了另一个令人兴奋的现象，那就是黑洞的存在！如果在一小部分空间集聚足够的物质（或能量），就会形成黑洞。黑洞有所谓的视界：什么都逃不出黑洞内部，也就是视界里的区域；落入黑洞内的物体的信息会永远消失。除此以外，我们不知道黑洞内部发生了什么。我们已经知道，这一点在引力理论中如何导致引人注目的问题：在宇宙历史的最初阶段，因为极大的能量密度，我们的时空变成了黑洞的泡沫。但是这一点真正意味着：时空概念会分解成小于 10^{-42} 秒的时间刻度以及小于 10^{-35} 米的距离。

我们也许可以说，存在着这样一个帷幕，如果超出这一帷幕，我们现今的物理理论多少都会失效。想要回答这样的问题，我们需要新的、包容一切的理论框架，它能缩小现代物理学两大支柱间的差距：描述时空特性的广义相

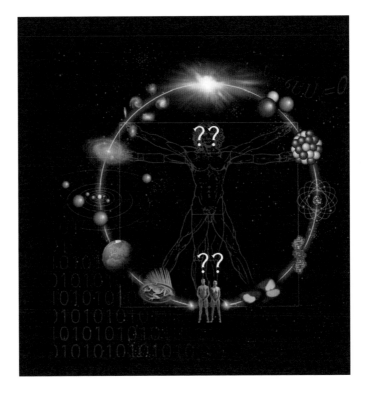

对论和描述最基本级别物质特性的量子理论。发现这样的
理论绝非易事，不出所料，有许多非常聪明的人对此进行
了研究。他们想出了绝妙的弦理论，但是我要提醒读者，
弦理论仍然处于猜测阶段。弦理论的主要想法是：一切基
本粒子包括携带力的粒子，如带电磁力的光子、带引力的
引力子，都是普遍的、潜在的动力实体的不同表现，也就
是一个微小的弦。弦内部的不同震动模式对应不同的粒子
种类，由于引力子是其中之一，弦理论自然就描述了引力。

这对描述物理学的所有现象来说是个全新的起点。接下来你可能想知道，我们是否能证明粒子物理学和相对论的定律符合弦理论。答案当然是肯定的，但只能在原则上证实，因为没人知道粒子标准模型如何能被精确地纳入弦理论，这就使得弦理论很难和现在的观察联系起来。尽管如此，我们还是可以想象一个挑战——把两种矛盾的基本理论联系起来，每一种理论都经受住了各种实验的上千次挑战，对年轻有抱负的科学家来说，都是非常令人兴奋的探索。危机只能通过超出寻常剂量的创造力和智力来解决，结果很有可能就是个新的转折点，并影响了我们将自然视为一个整体的思维方式。

复杂性之挑战

我们从进化论中学到：应该把不断增长的复杂性当作动态过程的阶段，这些过程的规则也许简单得令人惊讶。变异和自然选择是概率事件，新发展和变化偶然发生，但是整个过程又是确定的，因为它指向具体的结果。通过详细模拟和研究具体的子系统，我们对这些过程有了深入的了解。

我们已经知道，物种进化的宏观生物学进程在分子领域中体现在 DNA 的结构和演变中，DNA 不只是生命的蓝图，还是一本美丽的书，甚至是一座图书馆，里面承载着历经千辛万苦才得以记录的地球生命历史。这本书一直位列畅销书榜首，而我们才刚刚开始阅读。

　　还有很多我们想要深入了解的现象：生命的起源、语言的起源以及对记忆和认知的理解。在分子水平，甚至在基本化学水平上，它们的具体工作机制是什么？意识和物质之间的差距需要弥合。所以现在出现了很多新领域，它们有着吸引人的名字，如心理化学、神经心理学、生物信息学、生态学、人口与其他社会动力学以及天体生物学。它们都出自传统学科，有自己的文化基础和专业技能，在理解生命中各种惊人表现的探索道路上相遇。这些新领域有前途光明的研究议程，它们迅速成长，因为可以通过很多新途径来收集详细数据——想想大脑扫描的磁共振成像（MRI），还有强大的计算工具来分析这些数据。生物学甚至深陷数据过多之苦，很多数据都急需解释。

　　我们从物理学中学到：由实验事实通往可行理论的道路会极度困难，并且会与直觉相反。刚开始看起来非常混乱和不稳定的现象仍然可以用简单的数学来描述，因此可能比我们大多数人想象的要更好处理。第一步通常是：在参数空间构造的可理解范围内，尽力找到有效关联。然后这些相关性可以通过广泛有效的可观察标度进行量化。在复杂性这一领域，人们发现了许多所谓的幂定律[1]，比如，

---

　　① 幂定律规定，数量 y 按照数学关系式 $y=ax^a$ 给出的方式取决于另一个数量 x，其中 a 是常数，a 是幂。回想一下，电磁力和引力的平方反比定律就是幂定律，其中指数 $a=-2$。

表示活的有机体能量消耗和质量之间关系（标度指数碰巧是 3/4）的幂定律，表示城市大小和专利数目关系的幂定律，或者关于收入分布的幂定律。标度律可以用更简洁的方式表示大量数据，也许它们可以提供一些关键线索，为解释研究中的现象指点迷津。这可能是个几何限制，或者提示着潜在的分形结构（反映不同级别现象的某种自相似性），又或是某种正在作用的随机过程。

在经济学里，建立精密理论是一个历史悠久的传统，但是这一领域也饱受明确、可靠数据不足之苦。因为缺少硬数据，研究者们过去求助于理论假设，如消费者理性或市场均衡，但这在很多情况下并不成立。希望在这个数字化时代，计算机能准确跟踪某些分领域，如金融市场的买卖，或者消费者行为，经济学将更加依靠实验和观察的推动。

报纸上满是新的科学发现，但是这些发现还没有带来真正根本性的突破。我相信，新的转折点将会来临，但是所花的时间可能比我们预料的要长。有人说，生物学和物理学在本质上完全不同，生物学想要找到和物理学一样强有力的定律，即使不能说大错特错，最起码也是幼稚的，因为生物学涉及很多形式的集体行为。生物学一直是从正确角度、采用合适的工具来解决貌似棘手的问题。经过长期不懈的努力，这方面终于有了关键性见解。事实上，混沌理论和非线性动力学就可以作为一个很好的事例。当大规模计算变得可行时，我们就可以开始探索无法依靠分析解决的非线性系统，而且我们知道，即使简单系统也能发展出不平凡的行为，这称为确定性混沌。这成了新研究领域的起点，在很多领域都有重要的应用价值，如生态学和经济学。

生物学涉及复杂网络，网络结构和交互取决于机体进化史。因此，想要找到任何普遍的因果机制是完全不可能的。但我不赞成这一点。生命或更好的生存提出了非常普遍的问题，进化就是大自然解决这些问题的方式。

细胞的确是非常复杂的系统，在这个系统内，蛋白质组成了极其复杂的网络，执行着不计其数的任务，搞清楚这一切要花很长时间。但科学终归是场漫长的奋斗，生物学也不例外，尽管有功能强大的基因序列检测机器、磁共振成像设备以及超级计算机。让我引用伊恩·麦克尤恩的小说《星期六》里的一句话，来结束关于复杂性的这一小节吧，小说中，作为神经外科医生的主人公思索着神经科学的未来：

> 尽管最近取得了很多进步，我们仍然不知道这个保存完好的、重约 1 千克的细胞集合，实际上是如何给信息编码，如何储存经历、记忆、梦境和意图的。他相信，在以后的日子里，编码机制将会为人所知，尽管可能不在他的有生之年。正如 DNA 内所包含的、

复制生命所需的数字代码，大脑的重要秘密终有一天会被揭开……我们能解释物质是如何转变为意识的吗？他想不出来满意的答案，但是他知道会有那么一天，秘密将会被揭开——再过几十年，只要科学家还在，科研机构依然完好，解释会逐渐改进，变成解释意识不可辩驳的真理……他确定我们能走完这漫漫长路，这是他唯一的信念了。这种人生观是伟大的。

——伊恩·麦克尤恩，2005 年

我们走到了万花筒之旅的尽头。衔尾蛇之圆，这条神秘的、吞食自己尾巴的蛇，让我们以多层次的、连贯的眼光来理解自然及其相互联系。我们看到：为了理解圆圈的右边，我们必须理解圆圈左边的内容；要想明白圆圈底部，必须理解圆圈顶端。

我们只有一个自然，因为自然各部分都有联系，这就意味着我们也只有一个科学——经过遍布世界各地、从古到今千万名科学家的努力，慢慢成形的科学。它就像一个巨大的拼图游戏：起初是把各个部件拼成一个小岛，小岛又连在一起组成大块，直到每一个部件都各就各位，我们得以看到整体的恢宏景象。

这个例子解释了我所说的自然科学的文化财富。在我们的日常文化生活中，尤其是在媒体中，这个财富被边缘化了。我将在第四章中分析这个需要引起注意的事实。

第四章

寻求真理

神圣的父亲，我能想到，某些人一旦听到在这本关于宇宙天体运转的书中赋予地球的某些运动，就会大嚷大叫，宣称我和这种信念都应当立刻被革除。[……]

因此我自己踌躇了很久，是否应当把我论证地球运动的著作公之于世，还是仿效毕达哥拉斯以及其他一些人的惯例，只把哲理奥秘口述给至亲好友，而不著于文字——这有莱西斯给喜帕恰斯的信件为证。我认为，他们这样做并不是像有些人判断的那样，是担心自己的学说流传开后会招来妒忌。与此相反，他们希望这些满怀亲切关怀的伟大人物所取得的非常美妙的想法，不致遭到一些人的嘲笑。那些人除非有利可图，或者是别人的劝诫与范例鼓励他们去从事非营利性的哲学研究，否则他们就懒于进行任何学术工作。由于头脑的愚钝，他们在哲学家中游荡，就像蜜蜂中的雄蜂一样。[……]

还有其他为数不少的……杰出学者也建议我这样做。他们规劝我，不要由于我的担心而拒绝让我的著作为那些真正对数学感兴趣的学生所使用。他们说，我的地动学说越是被大多数人认为是荒谬的，等将来最明显的证据驱散迷雾之后，我的著做出版就会使他们表现出越大的钦佩和谢意。

（尼古拉·哥白尼《天体运行论》）

事实会说话

即使在神话时代，人们对智慧和知识可能带来的丰厚利益也寄予重望。基础知识会把我们变成神一样的人物，赋予我们强大的力量，即使无法掌控自然，也可以掌控我们的同伴。因此，那时候的"研究"活动有种神秘、精英的性质也就不足为奇了：这些是特权阶层的秘密活动。

现代科学家若是清醒，就会意识到科学的起源可以追溯到迷信、秘密和一派胡言。但是，就是这个令人怀疑的祖先，孕育了以逻辑推理和实验为基础的自然科学，这是一个非常成功的后代。科学为大脑理解世界提供了一个新选项，除了简单地相信，还可以选择去做批判性的调查研究。这种"自由思考"的态度，经常给既有体制的规则和信仰造成严重威胁。科学和体制的冲突发生在各朝各代，很多情况下都不能避免。

尽管广大群众永远对精神和超自然现象及其解释满怀兴趣，可我们大多数人都赞同，意识发展史上最伟大的转折点是我们发现宇宙具有一种理性的秩序和等级结构。自然科学以它们祛魅的力量开始发展，用真正管用的科学占领阵地。女巫、巫医、唤雨巫师的阵地开始失守——过程是缓慢的，因为知识并不等于智慧。但是，知识和智慧也不相互排斥。

事实上，从严格意义上来说，科学无法解决道德问题。科学不提供伦理规范、安慰、爱以及其他有存在意义的东西，但这些东西可以帮助大多数人度过幸福、有意义的一生。从严格的科学视角来看，这些东西不需要研究，科学也并非为此而生。因此，科学使很多人的经验变成存在意义上的巨大空白。

这应该就是宗教仍是人类社会这座高楼主要支柱的原因吧。许多人为一些老生常谈的问题而困惑，比如，到底是上帝创造了人，还是人创造了上帝？科学能为"先有鸡还是先有蛋"这样的永恒问题提供有效线索吗？我先声明一点，任何试图讨论这些问题的、有点科学可信度的努力都严重受挫，因为事实是，"上帝"这一概念是所有已知概念中最不稳定、最不明确的概念之一，不同宗教关于"上帝"的概念也明显不同。

在第一章里，我已经讨论了科学与宗教之间这种微妙、棘手关系的事例，这里不再赘述。神话大多本质上模糊不清，应该就是神话之所以能够持续存在和看起来有效的原因。这一点也适用于受到启示而得到的知识。如果是奇迹，甚至不需要证据；但如果是事实，就需要证明。"上帝"不仅是个无界的、奇特的概念，它在历史上还经历了无数次的改头换面，才使得这一概念变成了无法辩驳的假说。我想，我们别指望科学能证明上帝的存在，我们最多希望科学能够缩小这个概念的范围。

如果我们把不同社会中人们对上帝的所有认识都考虑在内，上帝就成为某种多面的钻石，同时也象征着永恒、一个"监视你的老大哥"那样的超人、爱与平静、唯一的道路、灵魂、精神导师，还有构成"万物理论"的一堆数学公式。一方面，宗教是一种有效的生活理论，制定诸如道德言行等的规范；但是另一方面，宗教又被誉为抵制进化过程中赤裸裸的任意性的最后堡垒。另外，宗教自身应该也是进化过程的产物。

许多科学家相信，如果不借助上帝这一概念，我们也能理解宇宙。他们相信事实会说明一切，关于生命的这些难题，大自然会给出答案。为此，科学家会尽可能避免（公开）对宗教问题做出评论。但是也有另一种说法，在这个物质至上的年代，科学家才是唯一有信仰的人。我不知道该如何理解这一点，但是的确有许多伟大的科学家表达过对宗教这一主题的看法。这表明，当科学就某一领域无话可说时，科学家们仍然在讨论，就像普通人一样。

方法论

> 最伟大的头脑，因为能取得至高成就，也会宽容
> 最严重的偏差；走得很慢的人，只要他们一直执着向
> 前，比起那些跑着跑着就放弃目标的人，也能取得更
> 大的进步。
>
> ——勒内·笛卡尔，1637 年
>
> （摘自《方法论》）

科学的一个目标是：用尽可能少的变量和它们之间可证伪的关系，来描述尽可能大的现实世界。我对现实的定义是：原则上可测量的或可观察的数量总和。从这个角度来看，科学就是对变量和关系的数量的识别和系统约简。如果我们这样想，那么科学才刚刚起步。为了实现科学的这一目标，我们必须利用理性分析和逻辑论证（如数学），我们必须做出批判性观察来证明我们的模型有误，我们还要开发出观察所需的工具。

这本质上就是启蒙时代实证还原论的主张。我在第二章讲过，这是一个很实用的观点，不需要进行许多哲学上细微意义的辨别。因为变量不一定是可观察的，例如在量子理论中，变量就是不可观察的。因此对于变量的解释，尤其是

变量是否是现实的真实体现这一问题，暂可不予讨论。

关于这些思考已经有很多著述，但是和我们目前的讨论关系不大。重要的是，即使是科学事业的一小部分，也能满足实证的标准。做好的科学，从操作意义上来说，就是遵守某领域中的一套可随时随处应用的标准。它不取决于研究者是否相信最终能找到客观或是绝对真理，以及真理可能是什么样子。我们当然能看到科学的进步，只是我们不知道这种进步是否有尽头，因为我们所知的科学只是不完备的知识体系。但是科学进程是有导向的，在这本书的框架之内，科学就是神话被系统地转变成坚实知识的过程。

在这一点上，应该提到科学哲学家卡尔·波普尔的贡献。他通过提出一个重要需求阐释了一个问题：科学模型需要被证伪；科学模型一定可以被证明是错误的，否则模型就没有用。可证伪性指的是一个简单事实，即一种假说应该有可能被证明绝对错误，而不是有可能被证明绝对正确。我们只能在有限意义上证明一种假说，因为检验次数有限。你也许能找到足够的证据来支持一种假说，但这依然无法证明该假说为真。而这种可证伪性所带来的必然结果就是：从定义上来说，科学就是不完备的。

一个可靠的证伪会带来很大打击，深深影响到相关的集体或个体科学家。想象一下，你刚刚证明了一个绝对完美的定理，结果地球另一边的一个"友好"的同事，在他下一篇文章的脚注中就提出了一个微妙的反例。想象一下，你刚刚发现一种新的效应并且已经署了自己的名字——结果一个很受人敬重的同事在自己精心设计的"同样的"实验中一无所获。

证伪可以有不同的形式。可以通过结果和假说相矛盾的可重复实验进行，也可以按照假说的论证思路来揭示假说的不完整性和不一致性。我们又一次提到，没有所谓绝对意义上的"正确理论"，我们必须接受"成功的"或是"广为接受的"理论这种说法。"标准模型"是关于物质的大一统理论，这种谦虚的说法恰恰证明了这一点。

从证伪的标准来看，形成错误的理论还是比形成模糊的理论要好。这一说法听起来平淡无奇，但是在科学或准科学的世界里，作用堪比"斧头"。例如，波普尔本人认为心理分析和历史都算不上严格的科学。一般来说，他的这种看法涉及仅做解释的研究领域，也就是说，对事实的解释本质上是种叙事。叙事很少考虑到可证伪的预测，因此也很难超越推测的阶段。第一章里，我提过胜利者倾向于重写历史，用一种信仰代替另一种信仰。即便如此，一定还是会有大量惊人的历史数据告诉我们独裁者对人类犯下的罪行，这表明在历史这一领域，也有可能逐渐形成相当可靠的比较理论，甚至有预言能力也说不准。

然而，在自然科学的框架中，模糊理论也很难避免（当然只是短暂地存在）。事实上，量子理论的第一步就很含糊。该理论大多建立在临时假设之上，导致让人很不满意的局面，直到很久之后才得以解决。很明显，我们必须接受科学在"神话"阶段历经了巨大的范式变化这一事实。在这样的情况下，与其说科学找到了正确的答案，倒不如说科学提出了正确的问题（这句名言引自克洛德·列维－斯特劳斯）。下一部分我们将简单看看作为新出现范式的最新事例的弦理论。

弦乐间奏曲

弦理论，自 1983 年作为"万物理论"被提出，其发展经历了许多波折。我在第三章提到过，这一理论试图囊括一切基本相互作用力，包括引力。这一理论本意是弥补两大理论的鸿沟，即描述时空的广义相对论和描述基本力与物质的量子理论。它基本的假设是：所有粒子种类（已观察到的和未观察到的）和极其微小的超弦的不同内部振动模式相对应。弦理论的观点是：一切事物，物质也好，空间时间也罢，归根结底都是由这种奇特的弦所构成。

这一理论立刻显示出几点吸引人的特性：它提供了对引力全新而连贯的量子描述，原则上它应该能兼容粒子物理学的标准模型。所有的力一旦统一起来，就能实现研究者的终极梦想——还原论，来描述整个自然。

然而，直接检验这一理论还需要检测基本的弦。就算不久的将来可能要建造功能强大的加速器，这个想法也可以说是遥不可及的。这就像给一些科学家下了判决，严格意义上讲，这个理论永远不能被证伪，因此应该被逐出科学舞台。很多在这一领域辛勤工作、力图找到弦理论其他间接实验证据的科学家，大都承受了很大压力。确实，在这一方面，这一理论的两大要素发挥了作用：第一，该理论仅在十维时空中是前后一致的；第二，它预测大自然的对称性一直隐藏至今，称为超对称性，意思是说所有粒子种类都会有某种"超伴子"。这和1928年保罗·狄拉克对反物质的预测有相似之处，而迄今为止还没有人观察到超伴子，也无法确切知道它们的质量是什么。弦理论的十维特点也让人不适，因为没人能感受到任何额外的维度。弦理论假设这些维度可能会非常非常小，因此，迄今为止它们逃过人们的观察也不奇怪。总之，由于弦理论的这种特点，很多科学家认为这种理论没有可证伪性，因此，在他们来看，弦理论没有资格参加伟大的科学竞赛。

事实上，弦理论使一些科学家产生分歧，它拥有忠实的支持者，如普林斯顿高等研究院的爱德华·威滕，加州大学圣芭芭拉分校卡弗里理论物理研究所所长、诺贝尔奖获得者大卫·格罗斯；反对者包括诺贝尔奖获得者谢尔顿·格拉肖、多伦多圆周理论物理研究所的李·斯莫林，他甚至就此写了一本书。1986 年的一期《物理学》就引用了谢尔顿·格拉肖和保罗·金斯帕格的话，表现了这场争论的激烈程度：

关于超弦的思索，可能会发展成为一种远远偏离传统粒子物理学的行为，远得就像粒子物理和化学之间的差距一样，超弦的实验由相当于中世纪神学家的未来一代在神学院中进行。自黑暗世纪以来，我们第一次看见，我们高尚的追求再一次以信仰代替科学而结束。关于超弦的怪异想法让人回想起为了证明至高无上力量存在的"设计论证"。一位顶尖弦理论物理学家表示，"超弦也许会被证明和上帝一样成功，毕竟上帝存在了几千年，在有些地方仍然被援引为自然理论"，这难道只是开玩笑吗？

25 年过去了，一切并没有尘埃落定。当然，有了 CERN 的大型强子对撞机，也许能捕捉到超伴子，也许能观察到某种能量溢出到其他维度中。毫无疑问，这种情景会相当壮观，可是目前一切都只是愿望。

那么如果没有什么弦出现怎么办？还有一些次要方面也要考虑在内。弦理论预示能力不足，准确说是弦理论的预示都无法被检验，但是从数学角度来看，弦理论非常严谨，并且具有限制性。物理和数学在弦理论中找到了深刻交流的领域。弦理论的有些成果获得了菲尔兹奖（数学领域的诺贝尔奖）。有些名字很难懂的创新想法和方式，现在也在物理和数学的其他领域找到了用武之地。如拓扑场论、共形场论，它们大都是在弦理论初期发展起来的。

总之，我们可以说，实证主义者的核心群体很难容忍弦理论的存在，但是考虑到它和数学之间这种难舍难分的创造性关系，我们姑且相信弦理论。这是不是史无前例？我不太确定。从前有过这样的例子，为了取得进展，物理学家求助于数学的创造性原理。我能想到两例：第一个是1931年保罗·狄拉克的文章。在这篇文章中，他预测了磁单极子的存在，也就是仅带有南极或北极单一磁极的粒子。这一发现具有革命性，因为自然界中观察到的磁性现象只能用磁偶极子来理解（比如说微小的磁条）。狄拉克这篇美妙却具有推测性的文章引言中，写了下面的话：

> 其实现代物理的发展需要这样的数学，它不断变换根基，越发抽象。非欧几何和非交换代数一度被认为是纯大脑想象，是逻辑思想家的消遣，如今也已被发现对于描述物理世界的一般事实非常必要。

他继续写道：

> 这些变化很有可能极其巨大，以至于仅凭人类的

智慧无法直接用数学术语形成实验数据来获得所需的新想法。因此，未来的理论工作者，必须用更间接的方式前行。我建议目前最有力的推进方式是：动用一切纯数学资源，尝试完善和概括构成现有理论物理学基础的数学形式，按照这种方法，每获得一次成功，都要努力解释关于物质实体的新数学特征。

爱因斯坦在这方面的态度也比较温和。很明显，他倾向于在理论和数学物理领域，留出一些自由探索的空间，这可能给身处困境的弦理论物理学家一丝安慰。他在1934年写道：

> 理论科学家越来越被迫接受纯数学的、正统思考的指引……从事这种工作的理论家不该被定义为"爱幻想"，恰恰相反，他们应该有权利纵情幻想，因为这是达到目标的唯一方法。

因此，我们虽然取得了一些显著的成就，但是"万物理论"这一"圣杯"依然远在天边，也许还要继续在天上多待些时日。弦理论的有限成功满足了目前观察的需要，因为弦理论中的行为，通常发生在一个巨大的能量级别上，比目前我们在加速器中观察到的能量还要高10—15个级别！看来弦理论坚定却又无法证伪的预测还要陪伴我们很久——这些预测一旦被证实，弦理论作为新出现的范式，成为真正的转折点。

忘掉波普尔

总的来说，在自然科学中，有越来越多的知识在证伪原则中存活了下来。然而，如果抽身出来看这些科学，我们需要考虑一些理由。在《科学革命的结构》一书中，托马斯·库恩考察了科学革命是怎样发生的。我来解释一下库恩的想法吧，或者说，来讲述我是怎样理解他的。科学界都认同一种决定什么是"真"、什么是"假"的指导范式。我们从这种情况起步：科学是种均衡的状态，人人在公认的学说框架内开心地工作；"正常的"科学任务是重新确立已经确立的、"解开谜团"以及补充细节——一切看上去都秩序井然。但很可惜，某个时刻做出的观察好像与现行学说并不一致。证据开始累积，导致了神圣范式被"撕裂"；计算结果出现不一致，实际观察和惯常期待有了出入。科学界费心费力地改造模型，研究补救策略：竞争对手苛刻地重复实验，同时开始补充测试。主流范式最热忱的拥护者开始坐不住了，不祥的感觉开始非常缓慢地在群体成员中传播；他们明白，不能只是对现有理论进行修修补补。稍做干预根本不行，因为已经出现了大问题！形势开始升级，像一场严重危机，一个僵局；也可以把这种情形描述成集体孕育，或是暴风雨前的寂静。天空看着阴沉沉的，可没人知道到底什么时候雷电会袭击哪个地方。新想法像雨点一样落下，人人都在等待取得创造性突破的时刻，这对整整一代研究者来说是解放思想的举动。这种突破是个分水岭，是知识体系尝试进入新形态的过渡阶段——这是我们很不熟悉的一种状态，规则和概念受截然不同的规则和概念的指挥，这种突破要经过足够长的时间才会出现。它可能不是真正的革命，但是在不按既定路线顺利前行时遇到的一个转折点。

革命性变化和进化性变化有时很难区分，但是很多人确实把我们思维的巨大转折视为革命，如相对论和量子论。我之前曾认为"革命"一词有误导作用，因为它很容易让人想到毁灭。可是科学中发生的事情并非如此，这就是我为什么更倾向于使用"转折点"这种说法，或者库恩所说的"范式转换"。例如，相对论这场"革命"之后，经典力学就算不是在最根本的意义上，也是在实用意义上，仍保留了自己的显赫地位。爱因斯坦对牛顿满怀崇敬之情，而牛顿说过一句格言："如果说我看得比别人更远些，那也只是因为我站在巨人的肩膀上。"

我把科学转折点看作一个新的概念维度的增加，是对更广阔空间的开辟，它能够解决矛盾，使事实从一成不变的、相悖的解释中解放出来。起初我们被限制在一个平面上，如今我们可以盘旋在平面上方，获得对现实的景象前所未有的看法。我们能同时看到一个硬币的两面。转折点这个想法，很好地表现了科学发展渐进累积的特点。

库恩的想法则更加深远一些，他总结道：革命前和革命后的世界没有可比性，因为人们的思维框架改变巨大。这确实道出了我所讨论的转折点的实情。但是，如果不比较这两个世界，也就很难证明你取得了进步。

> 更准确地说，我们必须放弃"范式的改变会让科学家和他们的追随者越来越接近真理"这种观念，无论它是外显的还是内隐的。
>
> ——托马斯·库恩，1962 年

他从根本上怀疑科学的累积式增长。波普尔可能在小范围内是对的，但是根据库恩所说，当科学经历一次范式变换时，会迷失方向。这是否意味着：因为科学理论和范式是非常武断的社会和历史过程的结果，所以理论和范式的内容也是武断的呢？不，这个结论不合逻辑，站不住脚。史蒂文·温伯格在《终极理论之梦》这本书"反对哲学"一章中，作了个有趣的比较：

> 一队登山者可能会争论到达山顶的最佳道路，这些争论可能会受到探险考察的历史和社会结构的制约，

但等到最终登顶，他们就能知道是否找到了登山的最佳路线。

没人会说珠穆朗玛峰或者 $E=mc^2$ 是主体间的社会建构。通往真理的道路有很多条，但是这并不能影响其客观含义。

讨论的关键是：转折点之前和转折点之后的世界是具有可比性的，即使不是严格意义上的对等。新理论通常把旧理论作为一种特例，常常是非常精确的意义上的具体限制。新理论必须要保留或者重构旧理论中好的成分。准确定义后的牛顿力学就是相对论的近似说法；量子论解释了经典物理学，但经典物理学肯定不能解释量子论，这才是进步的意义。

温伯格的说法不是复杂的哲学论证，而是种暗示性的类比。这突出了哲学和科学彼此割裂这一让人难过的真相。科学哲学家保罗·费耶阿本德很早之前就指出，职业科学家不需要问哲学家某个理论应不应该被接受。但是另一方面，他批评了理论和实验应该各持独立的设想，这种设想把对于理论的客观实验证明变成编造的谎言。科学的证明过程取决于环境，对这种环境的研究是一种文化和历史进程，应该放在议程首位。

拉里·劳丹和伊姆里·拉卡托斯的研究更进了一步。他们区分了科学的内部历史和外部历史，外部历史无法被理性地重构，因为政治和社会因素发挥着决定作用，涉及很多主观价值判断。这种区分在我看来很有价值。我们都知道，资助政策确实存在，也确实在很大程度上取决于政治情况。全球变暖、恐怖主义威胁、狂妄的武器研发项目等，是否会成为政治议程的首要议题，很大程度上取决于执政党的好恶。

这样我们就迈入进步过程中的黑暗一面，许多短期的政治经济利益和科学目标的优先次序搅在一起。科学界应对最高研究准则保持批判和忠诚的态度，以确保长远的、真正重要的研究目标不为追赶潮流的、大肆宣扬的，甚至更糟的、以扩大我们毁灭能力为明确目标的科学所扼杀，这一点最为重要。历史表明，对科学的根本态度会因领导层的治世哲学产生很大变化。2004 年《纽约时报杂志》的一篇封面文章中，罗恩·萨斯坎德报道了他和时任总统小布什的高级助手（据推测，应为卡尔·罗夫）的谈话。谈话中该助手表达了关于现实的看法，相当引人注目，现在看来，这种看法可能完美地总结了政府强烈的优越感，以及对政治和军事优势所拥有的错误信心：

　　总统助手说，像我这样的人是"我们所说的现实派"，他对于现实派的定义是"相信解决办法来自对可辨别事实的审慎研究"。我点点头，小声说了些关于启蒙原理、经验主义之类的话。他打断了我。"世界不再是这个样子了，"他继续说，"我们现在是个帝国，我们行动时，就是在创造自己的现实。在你们研究这个现实时——像你说的那样，审慎地研究——我们会再次行动，创造新的现实，你们也可以接着研究，这就是事情的发展方式。我们是历史的演员……你们，全都是研究我们的所做所为。"

对冲基金先驱、慈善家乔治·索罗斯在他 2008 年关于金融危机的书中，就"权力的傲慢"提出了有趣的看法：

公众仿佛正在从噩梦中觉醒。他们从此次经历中能学到什么呢？现实是一位严格的监工，我们要冒险去操控现实：我们行为的后果很容易偏离我们的预期。不管我们多么强大，都不能把自己的意愿强加于自然：我们需要认识世界的运行方式。我们无法获得完美的知识，但是我们必须尽最大可能靠近知识。现实是移动的目标，我们需要追寻它。简而言之，认识现实应该优先于操控现实。

他是对的：我们应该看一下金融危机之前的那个荒唐的时代，顶层的贪婪为大众所接受，甚至风靡一时。它像传染病一样传播，搞垮了世界经济，同时滋生了金融和道德危机。这一切都是以自由市场的名义实现的，市场经济自然会为不断增长的利润和股东价值的不平衡短期视角所掌控。布什政府任期满后，贝拉克·奥巴马在 2009 年举办的美国国家科学院年度会议上，进行了他关于科学的长篇演讲，明确表达了批评和震惊之情。

　　为了推进预先设定的意识形态进程，科学诚信受到损害，科学研究被政治化。

　　我相信，科学家并没有从实际意义上去思考方法论。正如杰拉德·霍尔顿 1984 年在《泰晤士报文学增刊》的一篇文章中指出的那样，问题是：

　　　　不管对也好，错也罢，大多数科学家的感受是：近现代的哲学家，因为他们本身不是积极的科学家，在实践上基本没有起作用，因此被忽略不计也无妨。

　　我随意地把严肃的哲学问题当作"科学方法"来看待，你可能感到吃惊，甚至大为恼怒。我之所以这么做，是因为自己是科学从业者。这么多年来，我已经厌倦了过多哲学的、认识论的、本体的，还有战略的、政治的考虑。然而我也非常清楚，很多学生喜欢讨论科学的哲学和伦理层面，甚至忽视了理解科学的真正内容，而这部分恰好是科学中更难的部分。我认为学生应该这么做，这能让他们成为自觉的科学践行者，并且看到科学在社会中发挥的重要作用，我们需要有这样的态度。但不管怎么说，这都是他们自己需要做出的选择。我刚才提到自己的厌倦，原因是我觉得诸多方面的考虑并没有给科学增添多少内容，因此不能给我带来同等的满足感。

和哲学家这样的元科学家谈话，有点像和医生谈话，医生已经同意了治疗方案，而我作为病人，还没有来得及描述自己的问题和症状。很可能许多科学从业者从未超越波普尔的分析，这一点从他们的经历就可以看出。波普尔的理论给了他们足够的空间去做个富有成效的创造性研究者。问题是，科学哲学在科学知识的坚实基础上并没有留下多少痕迹。因此我要说的是，科学家缺乏热情来反复讨论科学方法的根基，这也许不该被理解为傲慢，而恰恰是缺乏一种自命不凡。也许他们更认同法国分子生物学先驱、诺贝尔奖获得者雅克·莫诺的说法：

知识的伦理就是要献身于对自然的科学探索。

科学社会学

科学家自身很少质疑应该解决哪些问题，以及他们所做的努力是否取得了成功。从这个意义上来讲，同行评审和同侪压力能有效地帮助人们确定优先顺序。我认为库恩的概括结论为时过早，但即便如此，他的著作也促成了一场知识运动的产生，这场运动全心全意地致力于科学的祛魅化。这场运动后来因后现代主义和结构主义的超相对性观点的提出而终结，但它已经登入一流大学的殿堂。它的有些主张距离我所认为的科学太遥远，所以，我只能认为它们对后理性认识论的追求注定会失败——在这种认识论中，科学沦为有权势的科学家之间政治协调的结果。只有对科学的理解少得可怜，才会觉得 $E=mc^2$ 不过是竞选运动中的口号罢了！这里出现的情形是：后现代主义者偏执于科学的结构和方法论，因而完全脱离了其内容。因此，对于后现代主义方面的发展，我不愿过多解释，但还有一个方面需要讨论。

只要科学家能够专注于自己的工作，他们不会在意后理性精英如何评价自己的努力和付出。但是情况可能会发生变化，这些反科学力量渗透到政府内部或资助机构，有可能会给科学研究实践带来极度不受欢迎的界限限制。如果社会意义和影响，或者政治潮流成为科学议程制定的主要标准，科学的学术诚信可能会受到损害。如此一来，我们就使政治纲领强行干涉科学选择这样的局面合法化了。

控制科学这样的想法有其深刻根源，在不同政治党派都有强大的拥护者。自由派的知识分子并没有重视这一问题。但是生物医学、制药业和军事工业联合体背后的权力结构已经深深渗透到科学实践中。回溯过往，我们可以引用西奥多·罗斯扎克《反文化的诞生》一书的内容，该书以库恩的著作为基础，明确指责上述现象：

> 在不懈追求客观性的过程中，科学导致了客观性神圣地位的异化，而客观性是我们与现实形成有效关系的唯一手段。客观意识是异化了的生活，它被抬高到最崇高的地位，我们称为科学方法。在它的支持下，我们让自然听从我们的命令，然而，要实现这一点，需要我们离自己熟知的事物越来越远。直到有一天，客观性向我们展示了太多的现实，这些现实最终成为一个凝结的异化的宇宙。现实在我们的掌握之中……可是这份所得一文不值。别忘了"一个人得到了全世界，却失去了灵魂，这对他又有何用"？

专业知识的进步是一种"让人迷惑不解的、奇怪的努力"：

> 生物学家得了在试管中合成生命的"强迫症"，他们十分重视这个实验。地球上一切愚蠢的动物，根本不用思考，都知道怎样繁殖：它会在属于自己的领域开心地繁衍后代。但是，生物学家声称：一旦我们在实验室里制造出了生命，就应该详细了解一切相关内容，进而做出改进！

另一位有影响力的进步运动思想家是赫伯特·马尔库塞，在《单向度的人》一书中，引入"压迫性容忍"的概念，讨论了人为制造的需求。科学已经妥协，科学自主性和科学正义被剥夺，完全沦为现行权力结构的奴仆。

> 科学方式帮助人类更加有效地控制自然，因此，也提供了更加有效地控制人的概念和手段。一直保持纯粹和中立的理论原因开始服务于实际因素。合并对两者都有好处。如今，控制持续存在，不仅通过技术得以延伸，甚至成了技术本身，而技术为政治权力的扩张提供了极大的合法性，政治权力吞噬了文化的方方面面。

这些表达恐惧的声音在历史长河中不绝于耳，现在也同样存在，这些声音强调科学技术带来的异化过程。

这些指控态度强硬，直指科学并且饱含情感。它们可能指出了一些令人担忧的问题，却不清楚我们想要留下什么、应该放弃什么。不管怎样，这种语气隐含的感情很明显：许多人害怕科学发展是一个无法控制的过程，最终会导致世界末日。但是科学给予我们很大帮助和指导，只要管理科学的民主程序得到很好的保护，科学就一直是公众对知识的追求。我们一定要警惕，确保对权力或金钱的追求不要毁掉科学。

很多时候，科学自行产生关于自然的问题。研究这些问题带来了我前面提到的转折点。这些转折点出现的顺序几乎是事先确定的，也就是说，我们取得的发现只有少数是由好奇心决定的，更多的是由自然界的层次结构决定的。

去谷歌找科学

反思关于科学和技术作用的严肃态度是很重要的，这些忧虑在最严重的时候被称为"客观性危机"，它会使公众感到焦虑。普通大众通常不会区分科学和技术，但是人们对科学的整体情感反应仍然让人担心。

这一切至少证明科学家工作没做好，没能正确告知公众他们在做什么、结果怎样。科学界人士要站出来，向公众详细解释这些问题，如果有可能，还要给出问题的答案。我们应该积极主动地表明，我们和许多人一样，都正在思考世界是怎样处理自身问题的，特别是在全球范围内。全球气候变化这个"令人难以接受的"真相，成功地由科学界传达给整个社会，这个例子给了我们一些希望。

关于"客观性危机"的问题可能有一个出人意料的答案：危机的产生是因为信息科学家宣布我们进入"拍字节时代"。在这个时代，我们可以任意支配能高效处理拍字

节 ① 数据的计算机——一拍字节等于 1 000 万亿字节。计算机让我们能够发起对现实前所未有的攻击，不是通过模拟或复杂的抽象数学概念，而是简单粗暴地直接研究。我们会有基本的无限数量存储数据，供计算机网络有效提取和处理。计算机更倾向处理真实数据，所以模拟和建模会被淘汰。

设想一下，如果你让谷歌去寻找真理，它会怎么做？在拍字节时代，我们依然需要传统科学吗？"拍字节谷歌"会为未来的万物理论创造一个成熟的替代品吗？拍字节思维是"多即不同"②思维的终极事例。谷歌的研究主管彼得·诺维格有一句格言："所有模型都是错的，越来越多的人不依靠他们也能成功。"

新型的研究将会围绕海量数据的广泛统计分析进行，以寻找它们之间的关联。对拍字节专家来说，能找到这种关联就足够了。他们说，我们没必要寻找因果关系或是理解概念，因为如果能够充分阅读大量数据，就算不理解背后的机制，我们也能做出可靠的预测。经过人体造影和检查，治疗就顺理成章：没必要找医生，医生也不过只了解之前的病例罢了。在新时代里，诊断学也通过关联进行，

---

① 拍和千、吉一样，是个前缀，表示的是个很大的数字，1PB=2^{50}字节，（PB:Petabyte）。——译者注

② 安德森（Philip W.Anderson）的"多即不同：破缺的对称性与科学的层级结构"（*More Is Different:Broleen Symmetry and the Nature of Hierarchical Stacture of Science*）。——编者注

"关联即正义"。预测选票，对政治规章的反应，经济危机，等等，全部只需数据的关联。拍字节机器可以是任何语言，做高级数学运算，或者写信。总之，你会做的事，它们都会做得更好。这听起来有未来主义的意味，可是，人类无疑已经朝这个方向迈出了第一步。

关于拍字节时代这种想法，好的方面是，它暗示着我们可以实现最大限度的透明性和机会均等，互联网在很多事例中已经提供了这些好处。它可能成为深入人心的网上民主运动，进行持续可靠的社会民意调查。整个社会都变成一个研究人类状况的计算机实验室——但问题是，谁来看这些民意调查的结果？这些结果可以买卖吗？一旦这些公众领域中高度相关的数据脱离了公众领域，变成商业"产品"，我们就应该开始担心了。到那时，我们就会陷入和预期相反的境地，也就是民主进程会遭到严重操控和阻碍。

克里斯·安德森是互联网杂志《连线》的主编，他就拍字节时代所带来的"福音"总结如下：

> 这是一个非常好的机会：数量庞大的数据和处理这些数字的统计工具一起，为我们提供了理解世界的全新方法。关联性取代因果关系，即使没有任何连贯的模型、统一的理论或真正运行机制的解释，科学也能进步。我们没有理由抓住旧方法不放手。是时候提出这个问题了：科学能向谷歌学习什么？

　　大规模利用计算机使科学取得了巨大进步，特别是医学科学和社会科学领域。这一点在第三章讨论复杂性问题所带来的挑战时，我已略微提及。然而，进步依然离不开第二章讨论的经典好用的"知识机器"，很多其他设备都对科学的进步有帮助，如加速器、核磁共振成像扫描仪以及太空望远镜。这些设备之所以能被创造出来，是因为我们利用科学和技术的专业知识，能理解背后的原理。我们不能忘记，计算机本身也是科学和技术双螺旋的产物。我想说的是：大规模计算机应用有利于我们取得科学的重要进步，但是无论如何它们都不能代替科学。它们依然需要输入观察结果和度量结果，需要我们来提出正确的问题。

　　科学大厦的美妙和独特之处在于：我们一直在讨论的转折点可以代表普遍的洞见和自然法则。确实，一个公式是无限关联性的浓缩表述。我甚至可以进一步宣称，有了自然法则，就没有必要再无数次地进行测量。

　　有些问题乍一看需要极高的计算机性能来解决，分析方法有时可以把这样的问题还原成易操作的计算。但依然存在运算法则不能有效解决的问题，找到很大数字的质因子就是一个例子。① 一旦我们有了答案，验算它们花不了多

---

　　① 质数，又称素数，是指在自然数中只能被 1 和它自身整除的数，如 7、11、59。对于非质数，它们的"质因子"是可以整除这些数的质数，例如 15 的质因子是 3 和 5。

少时间，只需做几次乘法就好。然而，找到答案却极其困难。这样的问题会难倒拍字节机器，也许我们还得求助更极端的量子计算机。然而，如果这些真正存在，它们也不会出自拍字节计算性能——它们只会是双螺旋这个传统知识产生器的产物。

科学进程是非常动态化的。对新想法的抵制和对它们的预期影响成正比。1993 年，英国数学家安德鲁·怀尔斯发表了"费尔马大定理"的证明。这个定理已存在300 年之久。定理的公式有多简单，定理的证明就有多难：$an+bn=cn$，其中 a，b，c 和 n 都是正整数，当 $n>2$ 时，没有正整数解。怀尔斯提交了他的论文后，好几位德高望重的同事（也是论文的审阅人），请怀尔斯提供证明中某几个细节。这个问题不大，直到麻省理工学院的一群人在怀尔斯一连串的论证中偶然发现了不完整性和循环论证这样的致命问题。他花了近两年才发现缺失的环节，期间几乎要放弃这个项目。怀尔斯是在哪里找到缺陷的？在废纸篓里的笔记本里！上面有他早些时候在证明过程中扔掉的纸碎片！这个问题让好几代的天才头疼不已[①]，他们想出了很多绝妙的数学方式，但似乎都不足以提供完整的有力证明，

---

① 费马大定理中有趣的地方有些异乎寻常。费马在阅读丢番图的著作《算术》时，将笔记写在书的边缘，笔记中不仅提出了这一定理，还宣称找到了其"真正完美的证法"。可惜的是，他补充说："这里空白的地方太小，写不下。"

直到怀尔斯的出现。

在这种事情上，谷歌恐怕就帮不上多大忙了，除非它能在追踪证明的历史时派上用场。百科全书式的完美和学会提问不可相提并论。因此，尽管大规模的计算机应用会改变我们的生活，但它们无法抹去科学的传统形式以及人类参与的现状。就分享和传播知识以及一般的数据挖掘而言，谷歌是具有开创性的，它提供了民主原则和实践自下而上传播的新方法。我们已经能看到，政府觉得这是种威胁并开始对此进行打击。但是新的、真正根本性知识的产生，搜索引擎和它们更高端的衍生品可能最多起到辅助作用。我不赞同彼得·诺维格的"拍字节乐观精神"。与之相反，人类大脑的智力和创造力的独特混合越来越重要，我们需要发展和利用起来并继续向前，这不只是我们对知识的追求，更是对理解的追求。

位于文化核心的科学

这种感觉一直存在，没有人可以既是一个受人尊敬的作家，又是对冰箱的工作原理了解的人——就像是没有绅士在城市里穿着棕色西服一样。这也许是大学的错。我们鼓励语文专业的学生讨厌化学和物理，不像军队里的工程师那样呆板、怪异无趣，还热衷于战争并以此为荣。

——库尔特·冯内古特

科学有其文化的维度，科学转折点给哲学和神学带来的冲击可以证明这一点。地球原来不是平的，不是位于太阳系中心的；更糟的是，科学把人类放逐到宇宙的任意一个边缘，甚至是多元宇宙的一个边缘宇宙。空间和时间的相对论使得动态宇宙的概念几乎不可避免，给宇宙演变和地球生物的狭窄时间窗口带来了重要的见解。我们认为自己很独特，这种说法需要调整：我们必须解放思想，正视在其他许多地方也有生命正在进化的可能性。观察围绕遥远恒星运行的外行星和星云中相对复杂的化学变化，也许是发现其他生命的第一步。

在微观世界里，因为量子力学的发现，自然在本质上出现了深刻的不确定性。我们和灵长类动物密切的遗传关系，也让两者成了进化阶梯上最近的邻居，这个观点让很多人很难接受。这又一次证明，人类在宇宙中的位置远不如我们一直所想的那么重要。一切生命的分子学基础又表明什么呢？它暗示我们，生活的很多方面，甚至是感情生活，原来只是化学反应的作用？如果真是这样，也许下周剧院放映的影片标题就变为：大脑的化学反应。

事实上，科学的转折点也导致科学以外的主要视角的

191

变化。很显然，转折点对社会有很大的影响，但它们在既有文化王国里的位置比较尴尬。

如果我们聚焦于技术不断增长的影响，也能得出类似的结论。有时，自然科学的社会维度在我们的日常生活中清晰可见，已经到了令人感到不适的程度。这一点始于交通工具和交通方式的发展，我们可以在全世界范围内进行贸易和探索。有关蒸汽机最大能效的问题生成了热力学，从热力学又迸发出不同形式的能量可以相互转化的想法——这一想法继而又为修建由汽油、石油以及后来的电力，甚至核能发动的机器打开了大门，早期的机械化到达了工业革命的顶点。

过了大约 100 年，计算机被引进，我们进入生产过程自动化的时代，巅峰成果是大量工业机器人的使用。现在，随着人类进入全球信息化时代，我们见证了发展的下一阶段，由于规模不断增大的集成电子电路、处理器、内存芯片的生产：机器上运行的软件能以令人难以置信的精确度执行不可思议的任务，这就是最抽象意义上的信息加工。无数 0 和 1 组成的字符串展现出邮件、聊天、工资管理、滑稽的表情图片或精妙的计算。对计算机来说，信息就是信息，它可以对信息执行任何操作并以任何需要的格式存储。这种信息处理热潮导致一个叠一个的形式语言的等级结构的出现，这让我们可以和计算机对话，让计算机可以就怎样处理这些 0 和 1 的问题互相"对话"。内容丰富的人工语言学世界出现了。

当前，我们还见证了分子生物学知识的迅猛发展，它将给我们的生理和心理健康带来更加直接的影响，这方面的技术发展才刚刚起步。

很明显，科学知识和技术是开创性社会革命的根源。我想不出任何一种政治、宗教或经济教条能给我们带来如此剧烈又如此强劲的改变，同样，任何一个世界领袖也做不到。当然，这些伟大领袖可能不同程度地推动了人类科学和技术发展的追求（也有可能是阻碍）。但最终，人类还是拥有了许多杰出的科技发明。

事实上，社会总是对各种可能性表示满意或不满意，这些可能性来自我们对自然运行不断增长的见解。在我看来，这种对立现象的发生，是因为社会对基本科学领域中所发生的事情的了解严重滞后，甚至完全缺失。理查德·费曼曾这样嘲讽："没有知识也能活着。"然而，世界最大的科学组织美国科学促进会在 2009 年进行的一次调查表明，至少三分之二的美国公众对科学家评价很高。这种感受不是双方的。报告还说，85% 的科学家认为，公众对于科学的无知导致了严重问题。很多科学家都认为报纸或其他媒体对科学的公开报道不够。

DNA 结构的发现就是一个例子。1953 年，在英国剑桥大学老卡文迪什实验室内庭的棚子里，转折点发生了。它深刻地影响了我们看待生命的方式——不管是关于疾病、健康、医药、人类天赋，还是人工克隆。该发现额外的奖励是：我们现在可以为犯罪分子或 100 年前的罪犯洗刷冤屈。有趣的是，DNA 知识带来的新机遇，直到 50 年后，一只背上长着耳朵的老鼠和克隆羊多莉出现在电视上时，才引起人们的普遍关注。

科学中的转折点是许多社会革新背后的主要推动力，科学知识是独特的全球共享商品，在互联网时代，它正在以前所未有的速度传播。

这些发展告诉我们，在教育的各个分支，我们都要确保科学的教学，这一点很重要。大众更加了解科学和技术问题是很有意义的。尽管我们无法保证科学的应用一定会给社会带来福祉（科技是把双刃剑），但如果我们都懂些科学知识、都能加入讨论的话，就能尽量使科学产生好的作用。我们需要教育帮我们形成适当独立的、理由充足的看法，这不仅仅包括抗议示威中的游行（但也不排除）。事实当然是：基本无害的新知识很有可能在应用的过程中被阻碍。我们的寻找给我们的生存条件带来了许多持久的改善，因此它不会停止，也不该停止。

原子、能源或 DNA 不好也不坏，它们是中性的，因为它们只反映自然的事实。关于事实的知识代表着巨大潜能。如果一个人必须决定是否要执行一个具体的应用，这个知识就是不可或缺的。例如，大规模投资生物燃料的决策可能受到错误的事实考虑的驱动，最终可能会适得其反。

有时科学家会率先告知公众有问题的或有威胁性的看法，如众所周知的核安全和气候变化问题。我不希望市场力量自行"解决"这些问题，因为利益冲突下生产的策略，最后根本解决不了我们的问题。上述问题需要引起社会机构的重点关注：不只是需要这些机构秘密讨论，更需要在公共领域进行公开讨论。

> 我确信有一天，遗传工程也可以享有一个清白的地位，就像我们今天出于医学甚至美容考虑做的矫正唇、鼻、臀、胸、腹等微整形手术一样（除了矫正牙齿）。为此，社会、政治、教育机构应该以合适的方式，为这一人类进化过程做出贡献。那么，这些机构就应该知道他们在讨论什么，这样才能在必要的时候做出决定，认识到他们想要什么、不想要什么。我称此为先进文明。

可惜，有时人们会有充分的理由说自己对科学和技术"一窍不通"，这是太随意的无知。我一直对此高度怀疑：这些人究竟是不能还是单纯不想知道。主流文化和自然科学之间这种让人痛苦的误差，正对应了查尔斯·珀西·斯诺在1959年发表的著名演讲的标题"两种文化"。在演讲中他说，如果你要求一位受过良好教育的人谈谈热力学第二定律，通常会引起难堪的沉默。"然而，我问的问题就相当于在科学界问：你读过莎士比亚的作品吗？"我相信，自1959年以来，这种情况不会有多少改观。当我们说起科学对话或论辩时，会有种恐惧和怀疑。一位知名作家和散文家微笑着向我吐露："数学是我的助手处理的事情。"我回答："很好，但是你是怎样找到这样的人的？"

其实科学文盲在知识分子中也普遍存在。诺贝尔奖得主、物理学家谢尔顿·格拉肖（引入科学的衔尾蛇结构的人）在他的著作《从炼金术到夸克》的前言中，有些赌气地写道：

> 有些人认为科学家是文化文盲，不会写，不愿读，他们是狭隘的专业知识的俘虏，理应受到人文主义者的蔑视。他们错了……但另外一方面，有些人文主义者在科学和数学方面确实愚昧，却还以此为荣。我们的对话必须转向他们关心的问题，而不是我们的问题：我们必须在他们的地盘上斗智斗勇。就像我妻子要求的那样："餐桌上没有物理学家。"

但是事情在变化，在很多情况下，它们在朝着正确的方向前行。很多大学的核心课程中，学生要在"诗人物理学""家在宇宙""科学概念或大众科学"这样的课程中熟悉化学、物理和数学。在阿姆斯特丹大学，我和生物学、天文学以及生物化学院系的同事一起，以本书中的概念为基础，开办了名为"科学中的转折点"的系列讲座，这些讲座的听众非常广泛，大大超出了我们的预期。2000 年，欧盟成员国在里斯本达成共识：在 2010 年，将科学和工程方面的学生数量增加 15%。为了实现这一目标，可能需要实行好几项措施，如激发青少年对科学技术的兴趣、改革课程设置等。

我们也可以在书店看到积极信号，通俗科学读物区在增加，尽管和关于灵性、神秘主义及另类医药区比起来，科学读物区还处在边缘位置。但另一方面，不断增加的科学书目也证明：科学家们决心走出自己的象牙塔并为此不断努力，想要和普通公众分享自己的知识和观点。

对科学的启蒙是极为重要的。如果一位小学教师的加法、减法、乘法都不错，但是除法有问题，这该怎么办？小学、初高中、大学各个层次的教育机构，都有责任保证他们的学生不能在学习过程中丢失才能。这很关键，因为科学天赋问题，尤其是数学天赋，如果没有被发现和培养，通常就会不可逆转地丢失。很少有人到了 35 岁时再开始学数学，相比之下，各种适合该年龄段的管理和社会技能课程却是一片繁荣景象。我们迫切地需要真正有干劲的教师向年轻一代传递令人振奋的科学信息。回想一下 1989 年彼得·威尔导演的电影《死亡诗社》中罗宾·威廉姆斯扮演的优秀英语教师，他成功地让一整个班里不可救药的学生能够欣赏多愁善感的诗歌。我想，这绝非易事，但这种教师就是我们需要的能传播科学的教师。

　　文化和科学都是人类大脑中令人赞叹的产物，二者组成了又一个时间中的双螺旋结构，这个双螺旋结构叫作文明。人类成为本书的主角，而本书还有许多篇章等待我们去书写。

后　记

论科学的谦逊

　　　　人的大脑是从最低等动物那样的大脑进化而来的，

　　我非常信任它，但是它做出的如此宏伟的结论，真的

　　能被信任吗？

　　　　　　　　　　　　　　　　　　——查尔斯·达尔文

　　和本书信息相反的一个重要信息是：我们只能接受不确定性。我想这也是当前生活的一个很重要的方面：在此刻，在某处，我们不知道还要再走多远，甚至都不知道方向。悲观主义者可能会说，这种情形就像是塞缪尔·贝克特的戏剧《等待戈多》，主人公一直在等永远也不会出现的戈多……可是戈多到底是谁？乐观主义者可能会说，所有的答案都已经出现，我们需要做的就是阅读伟大的著作并用正确的方式解读它们。

　　问题是该怎样处理知识和理解的匮乏。我们居住的房子还在建造中：我们不清楚房子是否会漂亮舒适，甚至都不知道房子有没有屋顶。为了找到答案，我们只有拾级而上，可是我们不知道前面还有多少级台阶。

　　下页中弗朗西斯科·德·戈雅的蚀刻版画《有志者事竟成》表达的就是类似的信息。它让我们想起伟大的工程师列奥纳多·达·芬奇，他认真地研究翅膀的设计，希望有朝一日人能飞上天。可是另一方面，如果我们离太阳过近，翅膀可能会被阳光融化然后摔下来，就像古希腊神话中伊卡洛斯那样。我们进退两难，不分昼夜地盘旋在我们

的世界上方，既和别人一起，又是独自一人。然后就慢慢地接受了这种状态。

这让我想起理查德·费曼，他于 1981 年在英国广播公司的节目《地平线》中最后一次接受访谈时，回顾了自己作为科学家的一生。他的发言十分感人：

> 我想，我能接受怀疑、不确定和无知。我认为，无知地活着，比知道错误答案更有意思。对不同的事物，我有近似的答案、可能的信仰、不同程度的确定性；但是对任何事物，我都不敢绝对确信，有很多事情我一无所知，比如"我们为什么存在"这个问题是不是有意义。
>
> …………
>
> 我也不需要有答案。没有知识，漫无目的地迷失在神秘的宇宙中；我也不觉得害怕，对我而言，世界本就如此。这并不可怕。

延展阅读

Sander Bais: *The Equations: Icons of knowledge*

John Barrow: *New Theories of Everything*

Robert P. Crease: *The Second Creation: Thakers of the Renolution in Twentieth-Century Physics*

Richard Dawkins: *The Selfish Gene*（理查德·道金斯:《自私的基因》）

Michael S. Gazzaniga: *Human: The Science Behind what Makes vs Unique*

James Gleick: *Chaos: Making a New Science*［詹姆斯·格雷克:《混沌: 开创新科学》（一译《混沌学传奇》)]

Brian Greene: *The Elegent Universe: Superstrings, Hidden Dimensions, and the Quest for the Ultimate Theory* ［布莱恩·格林:《优雅的宇宙: 超弦、暗藏维度、终极理论追求》（一译《宇宙的琴弦》)]

Stephen Hawking: *The Universe in a Nutshell*（斯蒂芬·霍金:《果壳中的宇宙》）

Harold J. Morowitz: *The Emergence of Everything: How*

the World Became Complex

Simon Conway Morris: *Life's Solution: Lnevitable Humans in a Lonely Universe*

Steren H. Strogatz: *Sync: How Order Emerges from Chaos in the Universe, Nature, and Daily Life*

M. Mitchell Waldrop: *Complexity: The Emerging Science at the Edge of Order and Chaos*（M. 米歇尔·沃尔德罗普:《复杂: 诞生于秩序与混沌边缘的科学》）

James D. Watson: *DNA: The Secret of Life*（詹姆斯·D. 沃森:《DNA: 生命的秘密》）